Walter Theimer:
Öl und Gas aus Kohle
Technologie und Politik
am Ende des 20. Jahrhunderts

Deutscher
Taschenbuch
Verlag

dtv

Originalausgabe
Dezember 1980
Deutscher Taschenbuch Verlag GmbH & Co. KG,
München
Umschlaggestaltung: Celestino Piatti
Gesamtherstellung: C. H. Beck'sche Buchdruckerei,
Nördlingen
Printed in Germany · ISBN 3-423-04365-2

Das Buch

Die Kohleveredlung ist wieder ganz aktuell, seit die Ölpreise steigen und die Ölversorgung unsicher wird. 13 Versuchswerke laufen in Deutschland mit staatlicher Förderung an, um die beste Methode zu finden.

Die Gewinnung von Öl aus Kohle fußt nach wie vor auf den bekannten Verfahren von Bergius und Fischer-Tropsch, doch sind viele Varianten dazugekommen. In Deutschland wie in Amerika ist in den letzten zwanzig Jahren, als die Kohleveredlung zu ruhen schien, in der Stille viel Forschung auf diesem Gebiet getrieben worden. Nicht mehr Benzin, sondern Heizöl steht im Mittelpunkt der Kohleveredlung.

Die Erzeugung eines künstlichen Erdgases durch Kohlehydrierung zieht heute noch mehr Interesse auf sich als die Öl- und Benzingewinnung aus Kohle.

Das Buch gibt die wissenschaftlichen und technischen Aspekte der Kohleveredlung und befaßt sich ausführlich mit der wirtschaftlichen und politischen Seite der Sache. Die Wirtschaftlichkeit der neuen Energiequellen hängt vom Ölpreis ab. Bei billigem Öl sind sie teuer, aber teure Energie ist besser als keine Energie und eine ewige Abhängigkeit von Ölscheichen. Eine kurzsichtige Energiepolitik hat die Leistungsfähigkeit des deutschen Steinkohlenbergbaues stark herabgesetzt. Sie muß wieder gesteigert werden, damit er den neuen Aufgaben gerecht werden kann.

Der Autor

Dr. rer. nat. Walter Theimer studierte Chemie, Physik und Biologie in Hamburg, Bern, London und München. Wissenschaftliche Publikationen u.a.: ›Die Relativitätstheorie‹ (Bern 1977), ›Altern und Alter‹ (Stuttgart 1973) und das ›Handbuch naturwissenschaftlicher Grundbegriffe‹ (dtv 4292).

Inhalt

Vorwort

Die Kohlehydrierung hat dreißig Jahre lang als hoffnungslos gegolten. Ihrer hohen Kosten wegen konnte sie nicht mit dem billigen Erdöl konkurrieren. Seit der Rohölpreis auf das Siebenfache seines Standes zu Beginn dieses Jahrzehnts gestiegen ist, hat sich die Preisspanne zwischen Ölprodukten und Hydrierprodukten so verringert, daß man der Kohlehydrierung wieder nähertritt. Die ursprünglichen Verfahren von Bergius und Fischer-Tropsch sind in Deutschland und Amerika weiterentwickelt worden. Ihre Varianten zählen nach Dutzenden.

Ein Überblick über den jetzigen Stand und die anlaufenden Versuchsanlagen soll die wichtigsten Informationen übermitteln. Die Zielsetzung der Kohlehydrierung hat sich von Treibstoffen zu Heizöl und künstlichem Erdgas verschoben. Auch die Gewinnung von Chemierohstoffen, besonders für die Kunststofferzeugung, durch Kohlehydrierung findet steigendes Interesse.

1. Die Vorgeschichte

Kohle hydrieren heißt Kohlenstoff mit Wasserstoff verbinden. Es entstehen dann Kohlenwasserstoffe wie Öl, Benzin und Erdgas. Der Wasserstoff zeigt aber wenig Neigung, sich mit Kohle zu vereinigen. Man muß mit hohem Druck nachhelfen, die Temperatur muß hoch sein, und vor allem ist ein wirksamer Katalysator notwendig, der die Reaktion vermittelt. Die Kohlehydrierung ist eine katalytische Hochdruckhydrierung.

Erst kam die Stickstoffhydrierung

Die katalytische Hochdruckhydrierung wurde zu einem anderen Zweck erfunden. Sie war ein Mittel, Stickstoff aus der Luft zu gewinnen. Das geschah durch das berühmte Haber-Bosch-Verfahren. Auch Stickstoff verbindet sich nicht gern mit Wasserstoff. Diese Verbindung muß aber bewirkt werden, wenn man Ammoniak erhalten will, das nach seiner chemischen Formel NH_3 aus einem Stickstoff- und drei Wasserstoffatomen besteht. Aus dem Ammoniak lassen sich dann Düngemittel und andere chemische Produkte herstellen.

Es ist interessant, einen Blick auf die Stickstoffhydrierung als Vorläufer der Kohlehydrierung zu werfen. Viele Prinzipien und Probleme der Kohlehydrierung tauchen hier schon auf. Die erste Stickstoffgewinnung aus der Luft gelang 1902 den Norwegern Birkeland und Eyde. Sie gewannen den Stickstoff im elektrischen Lichtbogen. Es war aber keine Hydrierung, sondern eine Oxydierung; das Endprodukt war nicht Ammoniak, sondern Salpetersäure HNO_3, die durch Auflösen der Stickoxyde in Wasser entstand. Das Verfahren wurde nach 1909 unter Mitwirkung der Badischen Anilin- und Sodafabrik (BASF) in Ludwigshafen verbessert.

Um diese Zeit trat der Chemiker Fritz Haber (1868–1934) mit dieser Industriefirma in Verbindung. Bald sollte sein Hydrierverfahren die Stickstoffgewinnung nach Birkeland und Eyde überrunden. Sie wurde in Norwegen noch bis 1928 fortgesetzt, dann ging das norwegische Werk zum Haber-Verfahren über.

Dennoch ist auch jenes Lichtbogenverfahren nicht ganz ohne Beziehung zur modernen Kohlehydrierung. Ein Lichtbogen ist ein Plasma. Der Gedanke, schwierige chemische Reaktionen in einem Plasma stattfinden zu lassen, hat nicht nur in anderen Zweigen der Technik erfolgreich Anwendung gefunden, sondern noch in jüngster Zeit einige Forscher angeregt, Kohle im Lichtbogen zu hydrieren. In der Tat läßt sich Öl aus Kohle und Wasserstoff im Lichtbogen oder einem ähnlichen Plasma erzeugen; die Amerikaner nennen es das Corona-Verfahren. Leider hat die Sache noch einen Haken; davon sprechen wir später.

Der große Chemiker Justus Liebig hatte erklärt, die Herstellung einer Verbindung aus Stickstoff und Wasserstoff sei unmöglich. Die beiden Elemente hätten eben leider keine »Affinität« zueinander. Dieses Dogma beherrschte die Chemie ein halbes Jahrhundert lang. Um 1900 kam aber ein anderer berühmter Chemiker, Wilhelm Ostwald, auf den Gedanken, die beiden Elemente mit Hilfe eines Katalysators zur Vereinigung zu bewegen. Er nahm sogar ein Patent darauf und bot es der BASF an. Ostwalds Verfahren enthielt schon einige Grundprinzipien des späteren Haber-Bosch-Verfahrens: hohen Druck, hohe Temperatur, Eisen als Katalysator.

Der berühmte Gelehrte hatte sich aber geirrt. Als die BASF in ihren Laboratorien den Prozeß überprüfte, stellte sich heraus, daß keine Verbindung von Stickstoff und Wasserstoff zustandegekommen war. Die Spuren von Ammoniak, die sich gefunden hatten, waren von außen als Verunreinigung an den Eisendraht gekommen. Ostwald zog das Patent zurück.

Aber der Gedanke lebte fort. Unter denen, die die Versuche zur Stickstoffhydrierung weiterführten, waren Walter Nernst und Fritz Haber. Nernst ist u. a. durch die Nernst-Lampe und in der theoretischen Physik durch das Nernstsche Wärmetheorem bekanntgeworden, das auch der dritte Hauptsatz der Thermodynamik genannt wird und besagt, daß der absolute Nullpunkt nie erreicht werden kann; man kann sich ihm nur asymptotisch nähern. Im Jahre 1907 gelang Nernst tatsächlich die katalytische Vereinigung von Stickstoff und Wasserstoff. Bei 700° C und 75 bar Druck konnte er in einem Laboratoriumsversuch allerdings nur eine Ausbeute von 0,9 % NH_3 erzielen. Das war für eine wirtschaftliche Nutzung zu wenig.

Auch Haber erhielt in dieser Zeit bei seinen Versuchen nur sehr kleine Ausbeuten. Es gelang ihm aber, das Verfahren zu verbessern. Schon 1908 konnte er das erste Patent für die Ammoniaksynthese einreichen. Er hatte das Metall Osmium als Katalysator gewählt und bei 500° C und 175 bar Druck immerhin eine Ausbeute von 6 % erzielt. Bald folgte ein zweites Patent mit 250 bar Druck. Die BASF hatte eilends den Weltvorrat des seltenen Osmiums, insgesamt 100 Kilogramm, aufgekauft. Aber das Metall war zu teuer, und die vorhandene Menge hätte für eine Großproduktion von Ammoniak nicht ausgereicht. Man suchte nach einem anderen Katalysator.

Mit seinen Mitarbeitern Carl Bosch und Alwin Mittasch fand Haber, daß das Eisen, das zuerst versagt hatte, bei Zusatz von Tonerde und Magnesium einen wirksamen Katalysator abgab. Später fand man noch bessere Zusätze. Man erkannte schon in diesem frühen Stadium die entscheidende Rolle des Katalysators bei Hydrierprozessen. Er ist auch in der Kohlehydrierung von zentraler Bedeutung. Habers Forschungsgruppe machte 25 000 Versuche mit verschiedenen Katalysatoren, ehe sie den richtigen fand. Bei der Kohlehydrierung sind es inzwischen noch mehr geworden.

Der benötigte Wasserstoff wurde natürlich aus Wasser gewonnen. Man kann das mit Elektrolyse machen, aber der elektrolytische Wasserstoff ist zu teuer. Man griff zu dem in der Industrie schon lange bekannten Wassergas-Verfahren. Wenn man Wasserdampf über glühende Kohle leitet, verbindet sich der Sauerstoff des Wassers mit dem Kohlenstoff zu Kohlenoxyd, indes der Wasserstoff frei wird. Das Wassergas entsteht nach der Reaktionsformel

$$C + H_2O = CO + H_2$$

und enthält somit zwei brennbare Gase. Durch weitere Reaktionen entsteht das Wassergas-Gleichgewicht

$$CO + H_2O \rightleftarrows CO_2 + H_2$$

Die gegenläufigen Pfeile deuten an, daß die Stoffe auf beiden Seiten der Gleichung im chemischen Gleichgewicht sind, d.h. sie reagieren unablässig so hin und zurück, daß die gegebene Zusammensetzung des Gemisches erhalten bleibt.

Um den Wasserstoff rein zu gewinnen, muß man das Kohlenoxyd des Gemisches so, als wäre es Kohle, noch einmal mit Wasserdampf behandeln. Man nennt das die Konvertierung. Hierbei wird das Kohlenoxyd CO zu Kohlendioxyd CO_2 oxydiert. Gleichzeitig wird weiterer Wasserstoff aus Wasser gewonnen. Die Konvertierung erfolgt bei 400° C am Eisen-Chrom-Katalysator. Freilich muß der Kohlenstoff des Wassergases als wertloses Kohlendioxyd geopfert werden, um Wasserstoff zu gewinnen.

Wassergas, die Quelle des Wasserstoffs, macht große Kosten: Kohle, Wasser, Wärmeaufwand für Erhitzung der Kohle, Dampferzeugung und wärmeverbrauchende Reaktionen. Der Wasserstoff ist noch heute neben der teuer gewordenen Kohle der gewichtigste Kostenfaktor bei der Kohlehydrierung. Doch zunächst zurück zur Ammoniaksynthese. Dort wurde das Kohlendioxyd durch Auflösen in Wasser entfernt, die letzten Reste des giftigen Kohlenoxyds wurden durch Einleiten in Kupfersalzlösungen beseitigt, die dieses Gas binden.

Im ganzen stand das Verfahren. Aber nun erschien Ostwald, dessen Patent von 1900 ein so klägliches Ende genommen hatte, auf dem Plan und protestierte vor dem Patentgericht gegen das Patent Habers. Er sagte, da sei nichts neu, die Prinzipien habe er schon vor zehn Jahren ausgearbeitet. Er ließ Nernst, dem die erste kleine Synthese gelungen war, als Zeugen laden. Nernst aber stellte sich auf die Seite Habers. Er erklärte, die Prinzipien Habers seien durchaus neu, und seine eigenen Arbeiten hätten nur theoretischen Zwecken gedient. Haber erhielt sein Patent. Die industrielle Erzeugung von Ammoniak lief 1913 an. Alle Beteiligten erhielten übrigens den Nobelpreis, Ostwald schon 1909, Haber 1918, Nernst 1920 und Bosch 1931. (Ostwald und Nernst empfingen die Ehrung für andere Arbeiten.)

Das Stickstoff-Wasserstoff-Gemisch nannte man Synthesegas. Der Stickstoff stammte aus der Luft. Die Ausbeute betrug beim Haber-Bosch-Verfahren 11 %. Das unverbrauchte Synthesegas wurde in den Prozeß zurückgeführt und so allmählich ganz umgesetzt. In verschiedenen Ländern entwickelte Abarten des Verfahrens arbeiten mit anderen Drücken und Temperaturen; so bevorzugt Frankreich das Claude-Verfahren mit 1000°. Um den Preis höherer Kosten lassen sich größere Ausbeuten erzielen. Das auf die geschilderte Art gewonnene Ammoniak wird größtenteils zu Düngemitteln verarbeitet. In der Welt werden heute 20 Mio t Stickstoff jährlich aus der Luft gewonnen. Eine t Stickstoff als Dünger bringt einen Mehrertrag von 15 t Getreide. Die Ernteseigerung gegenüber der Zeit vor der Ammoniaksynthese beträgt 300 Mio t Getreide jährlich. Das bedeutet die tägliche Brotration für 3 Milliarden Menschen.

Das alles war Haber zu verdanken. Seine Erfindung leistete seinem Lande auch im Ersten Weltkrieg entscheidende Dienste. Ohne die Gewinnung von Stickstoff für die Landwirtschaft und die Sprengstofferzeugung hätte Deutschland keine drei Monate Krieg führen können. Habers Lohn war, daß das Dritte Reich in seinem Rassenwahn den hochverdienten Gelehrten seiner Abstammung wegen aus dem Lande trieb. Er emigrierte in die Schweiz, wo er 1934 an gebrochenem Herzen starb.

Wassergas als Synthesegas

Auch andere Gasgemische als das bei der Ammoniaksynthese verwendete werden als Synthesegase bezeichnet, wenn man sie zu irgendwelchen Synthesezwecken einsetzt. Bei der Kohleveredlung ist das Synthesegas ein mehr oder minder abgewandeltes Wassergas. Durch Änderung der Herstellungsbedingungen läßt sich das Verhältnis zwischen Kohlenoxyd und Wasserstoff in diesem Gas innerhalb weiter Grenzen variieren, je nach den gewünschten Produkten. Solches Gas läßt sich auch aus Methan erzeugen. Methan CH_4, auch als Sumpf- oder Grubengas bekannt, ist vollhydrierter Kohlenstoff und der Hauptbestandteil des Erdgases. Mit Wasserdampf spaltet es sich am Nickelkatalysator in ein Gemisch von Kohlenoxyd und Wasserstoff, also Synthesegas. Die BASF entwickelte dazu Röhrenöfen, die aus mit Katalysator gefüllten Röhren bestehen, in denen die Reaktion erfolgt. Amerika, reich an Erdgas, erzeugt heute fast sein ganzes Synthesegas für die Ammoniakherstellung auf diesem Wege.

Das Verfahren läßt sich auch umkehren; dann wird aus Synthesegas das Methan. Ein Gas mit 90 % Methan ist dasselbe wie Erdgas und kann das natürliche Erdgas ersetzen. Die Methanisierung des Synthesegases ist die Grundlage der jetzt anlaufenden Versuche zur Erzeugung von synthethischem Erdgas (SEG). Das Prinzip der Hydrierung von Kohlenoxyd CO zu Methan CH_4 hatten schon die französischen Chemiker Paul Sabatier (1854–1941) und Senderens (1856–1936) zu Anfang des Jahrhunderts gefunden, es hatte aber nur wissenschaftliches Interesse erlangt. Zur technischen Verwendung kam es erst nach 1930 in Deutschland.

Bei den Arbeiten an der Kohlevergasung entdeckte der Chemiker Clemens Winkler im Jahre 1925 in den Laboratorien der BASF das Wirbelschichtverfahren. Er beobachtete, als er, mehr spielerisch, heiße Gase über feinkörnige Kohle leitete, daß die Körner zu tanzen begannen. Sie bildeten eine Wirbelschicht. Das Ganze machte den Eindruck einer siedenden Flüssigkeit. Es zeigte sich, daß die Vergasung dadurch sehr gefördert wurde. Die durcheinandergewirbelten Reaktionsteilnehmer setzten sich schneller um, die Temperatur verteilte sich gleichmäßiger. Schon 1925 wurde der erste Winkler-Generator gebaut. Heute ist er, ebenso wie die ihm zugrundeliegende Wirbelschicht, ein Weltbegriff.

Das Wirbelschichtverfahren findet auch vielfache anderweitige Anwendung in der Technik. Es erfordert die Pulverisierung fester Reaktionsteilnehmer. Auch die Kohleverfeuerung läßt sich damit wesentlich verbessern. In Amerika nennt man die Wirbelschicht wegen ihres Aussehens ein »Flüssigbett« (*fluid bed*). Sie ist aber keine Flüssigkeit, sondern eine Suspension von Staub in Gas.

Bald zeigte sich, daß aus Kohlenoxyd und Wasserstoff, also Synthesegas, nicht nur Methan gewonnen werden kann, sondern auch eine Reihe anderer Verbindungen, darunter Alkohole. Das Produkt richtet sich nach dem Katalysator; die erstaunliche Selektivität der Katalysatoren ist seither ein Kennzeichen all dieser Verfahren geblieben. Ein anderer bedeutender BASF-Chemiker, Matthias Pier (1882–1965), konnte 1923 am Zinn-Chrom-Katalysator aus Synthesegas, also letztlich aus Kohle und Wasser, einen vielbegehrten Alkohol gewinnen, den Methylalkohol, auch Methanol genannt. Diesen Alkohol hatte man vorher nur aus Holz erzeugen können; er führte den Namen »Holzgeistbranntwein«. Er eignet sich nicht zum Trinken, ist sogar giftig, aber er ist in der chemischen Industrie wichtig und wird neuerdings als Treibstoffzusatz erprobt. Aus Preisgründen wird

Methanol heute meist aus Erdöl oder Erdgas hergestellt, aber seit der Verteuerung des Erdöls und Erdgases hat auch die Methanolsynthese aus Kohle wieder Aussichten.

Die Geburt der Kohlehydrierung

Inzwischen war die »Abteilung Hochdruckversuche« in Ludwigshafen auf 2200 Beschäftigte angewachsen und lieferte ein Verfahren nach dem anderen. Die Erzeugung flüssiger Kohlenwasserstoffe, die bisher nur aus Erdöl gewonnen worden waren, aus Kohle wurde zu jener Zeit nicht so sehr aus Gründen der Selbstversorgung angestrebt, sondern weil man eine baldige Erschöpfung der Weltvorräte an Erdöl befürchtete. Die Gelehrten sagten voraus, daß das Erdöl nur noch sieben Jahre reichen werde. Solche Voraussagen sind seither periodisch gemacht worden, aber neue Erdölfunde in aller Welt haben sie immer wieder entkräftet. Doch ewig wird das Erdöl bei dem jetzigen Verbrauch nicht reichen, und angesichts der Preispolitik der Ölproduzenten und der weltpolitischen Lage muß man es als einen geschichtlichen Glücksfall bezeichnen, daß damals in Deutschland schon Methoden zur Gewinnung von Öl, Gas und Kraftstoffen aus Kohle ersonnen wurden. Kohle war damals billig und Benzin war teuer; nach dem Energieinhalt gerechnet, war das Preisverhältnis 1 : 12. Seither ist deutsche Kohle teuer geworden, aber Benzin war über lange Zeit billig. Das Preisverhältnis bewegt sich jetzt nach dem Energieinhalt um 1 : 1. Die Billigkeit des Benzins und seines Rohstoffs, des Erdöls, hat sich allerdings im letzten Jahrzehnt als eine recht unsichere Sache erwiesen.

Die erste Hydrierung von Kohle gelang dem französischen Chemiker Marcelin Berthelot (1827–1907), einem Klassiker der Chemie, der in seinem Lande eine große Rolle spielte und 1886 Unterrichtsminister, 1895 sogar Außenminister war. Als Hydriermittel verwendete Berthelot den Jodwasserstoff, der mit Kohle bei 270° C ölartige Kohlenwasserstoffe ergab. Der Laboratoriumsversuch war wissenschaftlich bemerkenswert, aber für eine industrielle Verwendung war der teure und nur in geringen Mengen verfügbare Jodwasserstoff nicht geeignet; auch waren die Ausbeuten minimal.

In die Technik wurde die Kohlehydrierung durch Friedrich Bergius (1884–1949), damals Professor in Hannover, eingeführt. Die Anregung zu dem Gedanken der Hochdruckhydrierung hatte ihm wohl das Beispiel Habers gegeben. Sein erster Versuch 1910 ähnelte mehr dem, was man heute »Hydrocracking« nennt, die Spaltung größerer Ölmoleküle zu kleinen unter Zuführung von Wasserstoff. Aus Schweröl erhielt Bergius eine Art Benzin. Er arbeitete zunächst ohne Katalysator. Nach dem Krackerfolg versuchte er es mit Kohle. Bei 450° C und 150 bar erhielt er ölartige Produkte. Im Jahre 1913 konnte er sich ein Verfahren zur Gewinnung flüssiger Produkte durch Hochdruckhydrierung von Steinkohle patentieren lassen.

Seither spricht man von »Kohleverflüssigung«. Der Ausdruck ist falsch, hat sich aber wie viele falsche Ausdrücke fest eingebürgert. Die Kohle verflüssigt sich bei 450° C nicht, wie sich ein Metall beim Schmelzen verflüssigt; der Schmelzpunkt des Kohlenstoffs liegt bei 3550° C. Die Kohle wird vielmehr chemisch in flüssige Kohlenwasserstoffe umgewandelt, zu einem großen Teil auch in gasförmige.

Die BASF nahm sich auch des Verfahrens von Bergius an, der 1931 den Nobelpreis erhielt. Sie entwickelte geeignete Katalysatoren und änderte viel an der Methode, die später den Namen IG-Verfahren, schließlich »IG neu« erhielt. (Die BASF ging in der IG Farbenindustrie auf.) An den Änderungen war besonders der einfallsreiche Pier beteiligt; die Teilung des Hydrierverfahrens in eine »Sumpfphase« und eine »Gasphase« stammt von ihm. Es kam zu Streitigkeiten mit Bergius, die aber später beigelegt wurden. Da die BASF die großen Braunkohlenlager bei Leuna besaß und Braunkohle ein billiger Rohstoff war, konzentrierte sich Pier auf dieses Mineral.

Bergius hatte sich einem neuen Problem gegenüber gesehen: die Hydrierung des Feststoffes Kohle war etwas anderes als die Hydrierung von Gasen wie Stickstoff oder Kohlenoxyd. Die Gase liegen schon als einzeln herumfliegende Moleküle vor, die leicht mit einander reagieren können. In der festen Kohle sind aber die Kohlenstoffatome chemisch miteinander verbunden. Diese Bindungen müssen bei der Gewinnung gasförmiger oder flüssiger Produkte aus Kohle sämtlich oder zu einem großen Teil gesprengt werden, um die Kohlenstoffatome für die Verbindung mit Wasserstoff freizumachen. Das erfordert Energie. Die Zerlegung von 1 t Kohle in Kohlenstoffatome verbraucht 6 Mio kcal, die als Wärme zugeführt werden müssen. Das ist schon fast der Verbrennungswert von 1 t Steinkohle!

Die Hydrierung selbst ist zwar keine wärmeverbrauchende (endotherme) Reaktion, sondern eine wärmeliefernde (exotherme), aber für den Vorgang ist eine hohe Aktivierungsenergie erforderlich, die in Form von Wärme zugeführt werden muß. Die Kohle wird bei der Hydrierung nicht ganz in Atome zerlegt, sondern in molekulare Fragmente mit mehreren Kohlenstoffatomen. Es müssen also nicht alle Bindungen zwischen den Kohlenstoffatomen gesprengt werden. Immerhin sind Kohlenkomponenten mit einem mittleren Molekulargewicht von 5000 zu niedermolekularen Verbindungen mit Molekulargewichten von 100 bis 200 abzubauen, was eine Energie vergleichbarer Größe erfordert.

Dazu kommt der Kohle-, Wasser- und Wärmeaufwand für die Wasserstofferzeugung, der Energieaufwand für die Bereitung und Vorerhitzung der zur Hydrierung nötigen Kohlenpaste, die Pumpe und Kompressionsarbeit, die Destillation und eine ganze Reihe chemischer und mechanischer Nebenprozesse. Es nimmt daher nicht wunder, daß die Erzeugung von 1 t Benzin aus Steinkohle rund 4 t Kohle erforderte, anfangs in manchen Fällen bis zu 7 t. Bei Braunkohle brauchte man für 1 t Benzin nicht weniger als 17 t Kohle, weil diese Kohle weniger Kohlenstoff enthält als Steinkohle und überdies zur Hälfte aus Wasser besteht.

Wirkungsweise des Katalysators

Wieder zeigte sich, daß der Katalysator maßgebend war. Ein Katalysator ist ein Reaktionsmittler, der durch Herabsetzung der für jede chemische Reaktion notwendigen Aktivierungsenergie wirkt (nicht der eigentlichen Reaktionsenergie). Neben seiner chemischen Natur ist die Form wichtig, in der er dargeboten wird (feste Stücke, Pulver, bewegt oder ruhend), ferner seine Oberflächenbeschaffenheit und Porosität. Die Katalyse erfolgt an den aktiven Stellen der Oberfläche des Katalysators, beispielsweise Unebenheiten, Spitzen und Ecken, oder an katalytisch wirksamen Störungen des Kristallgitters im Metall. Die aktiven Stellen machen oft nur 1 % der Oberfläche aus. Meist sind Zusätze notwendig, entweder andere Metalle (die meisten Katalysatoren sind Metalle oder Metallverbindungen) oder ganz andere Stoffe wie Alkalien, Tonerde oder Kieselgur. Die Zusätze wirken als Träger, Aktivatoren und Promotoren; manche Zusätze wirken hemmend.

Bei der Katalyse lagert sich ein Atom oder Molekül an den Katalysator an. Es wird vorübergehend adsorbiert. Dabei verformt sich seine Elektronenhülle und es wird reaktionsfähiger. Diese physikalische Adsorption kann sich soweit steigern, daß ein Elektron des reagierenden Atoms in den Katalysator übertritt oder umgekehrt. Man spricht dann von Chemisorption und Bildung einer kurzlebigen Adsorptionsverbindung, in der Regel eines chemischen Komplexes. In diesem Komplex findet die eigentliche Reaktion statt, worauf sich der Komplex auflöst und das Reaktionsprodukt desorbiert wird. Die vorübergehenden Zwischenprodukte sind reaktionsbereiter als die ursprünglichen Substanzen.

Die Zusätze zum Katalysator verfolgen den Zweck, seine kristalline und elektronische Struktur zu verändern. Ein Zusatz verursacht über Gitterstörungen und anziehende oder abstoßende Kräfte im Katalysatorgefüge eine Änderung der Elektronenbeweglichkeit. Eine chemische Reaktion erfordert elektrisch positive oder negative Stellen am Atom, die sich aus einer entsprechenden Verschiebung von Elektronen ergeben. Die Schaffung oder auch Abdeckung solcher Stellen unter dem Einfluß des Katalysators bestimmt den Kurs der Reaktion.

Von der Teerhydrierung zum »Kracken« des Öls

Bei Piers Versuchen erwiesen sich namentlich Metallsulfide als wirksame Katalysatoren. Pier erhielt 1925 zum erstenmal Benzin aus Braunkohlenteer, noch ehe 1926 auch aus fester Braunkohle nach der Methode von Bergius und Pier das erste Benzin erzeugt werden konnte.

Das flüssige Stoffgemisch Teer ist leichter zu hydrieren als feste Kohle. Auch chemisch sind die Verhältnisse einfacher. Im Verhältnis zum Kohlenstoffgehalt beträgt der Wasserstoffgehalt des Benzins 17 %, des Dieselöls 15 %. Bei der Steinkohle beträgt er nur 5 %, bei der Braunkohle 7,5 %. Der Wasserstoffgehalt muß also stark aufgestockt werden. Das geschieht durch die Hydrierung. Beim Teer beträgt der relative Wasserstoffgehalt 10–12 % und nähert sich damit schon dem Erdöl, bei dem er 15 % erreicht. Ein großer Teil liegt schon in Form von Kohlenwasserstoffen vor. Hier kommt man also mit weniger Wasserstoff und meist auch milderen Bedingungen aus.

Die Teerhydrierung erweckte lange vor der Kohlehydrierung das Interesse der Ölkonzerne der Welt. Konnte man Teer zu Benzin hydrieren, mußte das auch mit den zähflüssigen Rückständen möglich sein, die in den Ölraffinerien nach dem Abdestillieren des Benzins und anderer leichter Rohölanteile in großer Menge übrigbleiben. Man hatte schon 1912 begonnen, diese Schweröle zu kracken, d.h. ihre großen Moleküle in der Hitze in kleinere zu spalten. Die Öle mit kleinen Molekülen sind leicht und flüchtig, sie eignen sich zu Treibstoffen. Aber auch nach Einführung des Krackens verblieben in den Raffinerien massive wasserstoffarme Rückstände mit großen Molekülen.

Mit Hilfe der abbauenden Hydrierung nach Bergius konnten auch diese Rückstände katalytisch fast vollständig in Benzin umgewandelt werden. Kracken und Hydrieren machte nicht nur Raffinerierückstände, sondern auch schwere Naturöle gut verwertbar, die vorher nur beschränkt genutzt werden konnten. So lieferte das lange nur zur Erzeugung von Schmieröl geeignete norddeutsche Erdöl nun eine bunte Reihe von Ölprodukten, darunter Benzin. Die neuen Methoden führten zu einer Verdoppelung der Benzingewinnung aus Erdöl.

Die Hälfte der Automobile der Welt könnte nicht fahren, wenn diese Verfahren nicht entdeckt worden wären. Die Krack- und Hydrierbenzine sind überdies von besonders guter Qualität.

Schon 1929 vereinbarte die Standard Oil Co. (New Jersey) mit der IG Farbenindustrie, in der die BASF, wie schon erwähnt, inzwischen aufgegangen war, eine allgemeine Zusammenarbeit bei der Hydrierung von Öl und Kohle. In Amerika wurde die erste große Ölhydrieranlage gebaut, hydrierte Schmieröle eroberten den Markt. Auch die europäische Konkurrenz von Standard Oil, die Royal Dutch-Shell-Gruppe, die sich schon an den Arbeiten von Bergius beteiligt hatte, war unter den Interessenten, die außerdem aus Frankreich, England, Belgien und Südafrika kamen. War auch die Ölhydrierung zunächst das Hauptmotiv, so dachten weiterblickende Ölmanager schon an die irgendwann kommende Erschöpfung der Erdölvorräte der Welt und eine Umstellung auf Kohlehydrierung. Nicht zufällig haben die großen Ölkonzerne inzwischen gewaltige Kohlevorkommen in allen

Weltteilen erworben und sich namentlich in Amerika an bestehenden Kohlenbergwerksunternehmungen beteiligt.

Die große Zeit der Kohlehydrierung

Das Leunawerk der BASF, das zunächst die Ammoniakproduktion, dann die Braunkohlevergasung betrieben hatte, ging 1927 zur Benzingewinnung aus Braunkohle über. Mit Bergius wurde ein Abkommen über die Benutzung der Patente getroffen. Leuna lieferte zunächst 100000 t Benzin jährlich. Der Wasserstoff zur Hydrierung wurde mit Hilfe des Winkler-Generators gewonnen. »Leunabenzin« wurde eine bekannte Marke an Tankstellen. Von »natürlichem« Benzin war es nicht zu unterscheiden. Chemisch war es ja dasselbe.

Dann kam die große, schicksalsvolle Wirtschaftskrise von 1929. Die Benzinpreise sanken, das Werk rentierte nicht mehr. Nach 1933 jedoch wurde die Kohlehydrierung, diesmal unter dem Aspekt der Selbstversorgung, mächtig gefördert. Die Produktion in Leuna stieg auf 600000 t jährlich. Insgesamt entstanden in Deutschland zwölf Hydrierwerke, die 1944 etwa 4 Mio t Benzin lieferten, die Hälfte des deutschen Benzinbedarfs im Zweiten Weltkrieg. Man hatte inzwischen begonnen, auch Steinkohle zu hydrieren. Die erste großtechnische Anlage zur Steinkohlehydrierung kam 1935 in Billingham in England in Betrieb; sie war eine Gründung des Chemiekonzerns Imperial Chemical Industries (ICI). Billingham erzeugte 150000 t Benzin aus Kohle im Jahr. In Deutschland nahm 1936 das Steinkohlehydrierwerk Scholven den Betrieb auf. In Deutschland und Italien, sogar im damals japanischen Korea wurden Öl-und Teerhydrieranlagen errichtet.

Ein Teil der deutschen Benzinfabriken arbeitete nach dem Fischer-Tropsch-Verfahren (S. 72). Bei diesem Verfahren wird nicht die Kohle als solche hydriert, sondern das aus ihr erzeugte Synthesegas wird unter Druck zu einer Reaktion seiner Komponenten gebracht, die auf eine Hydrierung des Kohlenoxydanteils durch den Wasserstoffanteil hinausläuft. Die Ähnlichkeit mit Habers Stickstoffverfahren ist größer; das Synthesegas reagiert in sich selbst. Franz Fischer, Leiter des Kaiser-Wilhelm-Instituts für Kohlenforschung in Mülheim (Ruhr), arbeitete seit 1910 an der Hydrierung von Kohlenoxyd zwecks Gewinnung von Öl aus Kohle. Auch die BASF nahm 1913 schon Patente auf die katalytische Erzeugung von Kohlenwasserstoffen aus Wassergas unter Hochdruck. Wegen der hohen Kosten hielt man in Ludwigshafen eigentlich nicht viel davon. Fischer arbeitete aber unentwegt weiter.

Ein Extrakt aus Kohle

Ein Werk der Ruhröl-Gesellschaft in Bottrop wandte das Extraktionsverfahren nach Pott-Broche an. Man hatte schon früher daran gedacht, die Kohle durch Herstellung eines Extrakts zu »verflüssigen«. Fischer hatte 1908 versucht, Kohle in Benzol zu lösen. Aber nur 0,1–0,2 % der Kohle war in Lösung zu bringen. Mehr löste sich, wenn man die Kohle immer feiner zermahlte. Bei einer Korngröße von 0,001 mm waren es schon 8 % der Kohle. Der Chemiker Rau (1910) fügte erhöhten Druck hinzu. Fischer ging mit der Temperatur höher, die Ausbeute stieg bis auf 10 %. E. Berl versuchte es mit Tetralin als Lösungsmittel. Tetralin ist Tetrahydronaphthalin, also ein wasserstoffreicher Abkömmling des bekannten Naphthalins. Die Ausbeute stieg auf 20 %. Der Grund lag darin, daß Tetralin ein Wasserstoff-Donator ist; es überträgt seinen Wasserstoff leicht auf die Kohle. Die Auflösung in Tetralin ist zugleich eine milde Hydrierung zu löslichen Produkten.

A. Pott und H. Broche entwickelten das Extraktionsverfahren weiter. Sie extrahierten unter Druck nahe der Zersetzungstemperatur der Kohle (330° C) und wiederholten die Extraktion neunmal. Das Ergebnis war ein Extrakt von 58 %. Bei schrittweise ansteigender Temperatur gelangte man schon mit drei Extraktionen zu 64 %. Schließlich wurde nur in einem einzigen Gang extrahiert, wobei man die Temperatur allmählich ansteigen ließ. So konnten 80% der Kohle extrahiert werden. Das dehydrierte Tetralin wurde zurückgewonnen und zu neuerlicher Verwendung regeneriert.

Der Pott-Broche-Extrakt war nach Entfernung des Lösungsmittels asphaltartig, hart und spröde. Man hätte ihn nicht für Kohle gehalten. Bei Erwärmung wurde er weicher. Ein Vorzug war die Asche- und Schwefelarmut des Extrakts. Mineralische Bestandteile und Schwefelverbindungen blieben größtenteils in den Rückständen. Schwefel und größere Aschemengen stören die Hydrierung, weil sie die Katalysatoren verschmutzen und vergiften. Ihre Entfernung aus den »Sumpf«massen der anderen Verfahren ist schwierig und teuer. Der Pott-Broche-Extrakt ließ sich, mit Prozeßöl (im selben Prozeß erzeugtem Öl) angerührt, zu Benzin, Schwer- und Mittelöl hydrieren. Ein zurückbleibender Schwelkoks wurde verfeuert. Die Ausbeute betrug, wenn das Verfahren in Richtung auf Schweröl gelenkt wurde, 60,3 % des Kohlengewichts, davon 33,6 % Schweröl, 13,2 % Mittelöl, 4,5 % Benzin und 9 % Gas. Bei Lenkung auf Mittelöl betrug die Umwandlung 71,8 %, davon 46 % Mittelöl, 5,8 % Benzin und 20,5 % Gas. Die Gase wurden als Feuerungsmaterial im Betrieb verwendet.

Mittlere und leichte Öle benötigen, wie ein Blick auf ihre chemischen Formeln zeigt, mehr Wasserstoff als schwere. Bei Mittelöl steigt der Wasserstoffbedarf um ein Drittel, bei Benzin um die Hälfte im Vergleich zum Schweröl. Diese Erwägungen sind heute wieder aktuell geworden. Neue Projekte, schweres Heizöl im Extraktionsverfahren zu erzeugen, knüpfen hier an. Je weniger Wasserstoff man braucht, desto billiger wird das Verfahren. Und es muß nicht immer Benzin sein.

Das Bottroper Werk funktionierte gut; es war noch eine Versuchsanlage mit 100 t Kohle täglich. Das Lösungsmittel wurde aus dem Teerpech einer benachbarten Kokerei gewonnen. Die Zerstörung des Werks im Jahre 1944 setzte dem Versuch ein Ende. Da die Liefermöglichkeit für Kokereiteerpech begrenzt war, wäre ein größeres Werk damals ohnehin unmöglich gewesen, zumal sich das Lösungsmittel nur unter großen Kosten regenerieren ließ.

Das Extraktionsverfahren kandidiert heute an aussichtsreicher Stelle unter den in technischer Erprobung stehenden Hydrierverfahren in Deutschland, Amerika und anderen Ländern. Besonders in Amerika ist es verbessert worden. Man kommt bis zur fast vollständigen Auflösung der Kohle. Eine ganze Reihe von Hydrierverfahren bedient sich der Methode von Pott und Broche.

Die wichtigste Verbesserung besteht darin, daß während der Extraktion in mäßigem Umfang hydriert wird, um den Wasserstoff des Tetralins schnell zu ersetzen und eine weitere Wasserstoffübertragung zu ermöglichen. Eine frühe Variante davon war das Uhde-IG-Verfahren zur Kurzhydrierung. Die Kurzhydrierung ergibt eine asphaltartige Masse, die in einer weiteren Stufe zu Ölen aller Art hydriert werden kann. 73 % der Kohle werden extrahiert. Außer der Extraktmasse fallen dabei in der ersten Stufe 2,6 % Benzin, 9 % Gas und 16,6 % Koks ab.

Ölschwemme und Öleuphorie

Nach Kriegsende 1945 wurden die Hydrierbetriebe in Deutschland zunächst stillgelegt. Ein Hydrierverbot der Besatzungsmächte wurde zwar bald aufgehoben, die Hydrierung schien aber angesichts der einsetzenden guten Ölversorgung uninteressant. Einige Hydrierwerke stellten sich auf Ölrückstände und Teer um; da die Ölraffinerien ihre Rückstände selbst zu hydrieren begonnen hatten, mußte auch diese Tätigkeit nach einigen Jahren eingestellt werden. Im anderen Teil Deutschlands produzierte das Leunawerk noch bis 1959 sein Braunkohlenbenzin, dann stellte es sich ebenfalls auf die Hydrierung von Teer und Ölrückständen um. In England tat Billingham dasselbe.

In Deutschland galt die Benzinerzeugung aus Kohle als *passé*. Die in kleinem Umfang weitergehende Forschung beschränkte sich auf wissenschaftliche Arbeiten; technische Versuchsanlagen wurden nicht mehr gebaut. Die Schwemme billigen Erdöls aus dem Orient in den sechziger Jahren führte zu einer Öleuphorie. Alles stellte sich auf Heizöl um, die Verfeuerung von Kohle oder gar die Kohlehydrierung galt schon fast als lächerlich und beinahe hätte man den ganzen deutschen Kohlenbergbau zugemacht. In ganz Westeuropa ging die Entwicklung in gleicher Richtung. Im Jahre 1973 sollte es ein böses Erwachen geben.

In Amerika dagegen lief nicht nur die wissenschaftliche Hydrierforschung in großem Umfang und mit großzügiger staatlicher Förderung an, sondern es wurden, ausgehend von den in Deutschland geschaffenen Technologien, ungeachtet anfänglicher Mißerfolge immer wieder Versuchsanlagen in Betrieb genommen, die zwar viele Millionen verschlangen, aber wertvolle Erfahrungen lieferten. Das Ergebnis war, daß Deutschland seine führende Position in der Kohlehydrierung verlor. Heute ist es so, daß eine deutsche Kohleveredlungsindustrie nur in Zusammenarbeit mit amerikanischen Partnern aufgebaut werden kann, ja sogar ein Teil der technischen Versuchsarbeiten unter Subventionierung durch die deutsche Bundesregierung nach Amerika verlegt werden muß.

In den USA waren Anfang der fünfziger Jahre noch einige industrielle Hydrierwerke gelaufen, aber dann wegen Unwirtschaftlichkeit stillgelegt worden. Angesichts der großen Kohlenvorräte einerseits, der zunehmenden Befürchtungen hinsichtlich einer Erschöpfung der Erdöl- und Erdgasvorräte anderseits blieben aber die großen Öl- und Chemieunternehmen im Verein mit den Kohlengesellschaften an der Hydrierung interessiert. Ein Sondermotiv war, daß fast ein Drittel der amerikanischen Kohle sehr schwefelreich ist; die Verbrennung solcher Kohle ist nicht mehr umwelttragbar. Diese Kohle ist billig. Bei der Hydrierung wird der Schwefel entfernt und kann sogar verwertet werden.

Die Regierung errichtete ein Kohleforschungsamt *(Office of Coal Research)*, das in den sechziger Jahren viele Forschungsvorhaben und Versuchsanlagen finanziell zu unterstützen begann. Die größten Unternehmen verschmähten es nicht, staatliche Hilfe in Anspruch zu nehmen, denn auf rein geschäftlicher Basis war das Wagnis zu hoch. In Deutschland übernahm die Bundesregierung erst Ende 1979, durch die Ölkrise aufgeweckt, das amerikanische System der Förderung der Kohleveredlung durch staatliche Subventionen.

Das Ergebnis der amerikanischen Forschungspolitik war eine Reihe neuer Kohleveredlungsverfahren, von denen die wichtigsten in den folgenden Kapiteln beschrieben werden. Die Versuchsanlagen nahmen in Amerika allmählich halbindustrielle Dimensionen an (sogenannte Pilotanlagen). Für das Ende der siebziger Jahre planten verschiedene Unternehmen technische Großanlagen.

Die von den »Ölscheichen« ausgelöste Ölkrise beschleunigte auch in Amerika, das mit Schrecken eine wenn auch begrenzte Abhängigkeit von Öleinfuhren bemerkte, die Forschungs- und Versuchstätigkeit. Die Erzeugung künstlichen Erdgases aus Kohle fand nicht weniger Förderung als die Gewinnung flüssiger Kraftstoffe.

Eine Hinwendung zum Schweröl als Hauptprodukt, wie sie schon von Pott und Broche empfohlen worden war, machte sich bemerkbar. Schweres Heizöl ist das billigste aller Ölprodukte, aber auch seine Herstellung durch Kohlehydrierung ist verhältnismäßig billig. Das Kostenverhältnis zwischen synthetischem und »natürlichem« schwerem Heizöl beträgt zur Zeit etwa 1,5 : 1, während es bei Benzin noch bei mehr als 2 : 1 liegt.

Auch in England, Frankreich und der Sowjetunion wurden die Forschungen fortgesetzt. In Australien wird ebenfalls an der Kohlehydrierung gearbeitet. Bis zu kleineren halbtechnischen Versuchsanlagen gediehen die Arbeiten der Japaner, die bei 450° C und 300 bar eine Umwandlung von 97 % der Kohle erzielten, davon 60 % Benzin und Mittelöl, dazu 30 % Gas. Der Wasserstoffverbrauch betrug 7 %. Verwendet wurde eine rührbare, wenig viskose Kohle-Öl-Paste. Das Verfahren schien etwas langsam zu sein. Japan schließt sich den westlichen Ländern beim Übergang zu größeren technischen Versuchsanlagen an.

Die Teerhydrierung wurde gleichfalls international weiterentwickelt. Viele Untersuchungen dieser Art kamen u. a. aus Japan, Indien und der Sowjetunion. Die Teerhydrierung zielt heute weniger auf Treibstoffe und Gase ab, obwohl sich auch in dieser Hinsicht einiges machen läßt; einer französischen Forschungsanstalt gelang es, hochwertiges Flugbenzin aus Teer zu erhalten. Das Hauptziel sind vielmehr die vielen wertvollen Chemikalien, die sich aus Teer gewinnen lassen. An sich geht die Teererzeugung zurück, denn die Gaswerke, aus denen viel Teer zu kommen pflegte, weichen dem Erdgas, und die Kokserzeugung, die andere Hauptquelle des Teers, nimmt wegen des immer geringeren Koksbedarfs der Hüttenindustrie ab. Aber die Teerhydrierung, die sich zum Teil auf Teer aus speziellen Schwelwerken stützen kann, bleibt wichtig: wenn es zur großtechnischen Kohlehydrierung kommt, wird sie noch bedeutender werden, weil bei den meisten Verfahren große Teermengen abfallen.

Zunehmende Aufmerksamkeit findet überall die schon erwähnte hydrierende Vergasung der Kohle *(hydrogasification)*, die ganz andere Erträge erbringt als die traditionelle Verschwelung im städtischen Gaswerk. Sie zielt auf künstliches Erdgas ab. Der Wirtschaftlichkeit scheint sie bereits näher zu sein als die Erzeugung flüssiger Produkte. Die Mehrzahl der anlaufenden Versuchs-Hydrieranlagen in Deutschland ist auf Gas gerichtet.

2. Kohlenstruktur und Kohleveredlung

Ein Blick auf ein Stück Kohle zeigt, daß es sich um ein Stoffgemisch handelt. Meist erkennt man schon mit bloßem Auge verschiedene Bereiche in dem schwarzen Mineral. Die Kohle ist nicht kristallin, sie gehört zu den amorphen Substanzen. Schon makroskopisch ist sie ein Konglomerat, mikroskopisch noch mehr. Vielerlei Körner und Streifen sind aneinandergepreßt, innerhalb dieser Körner und Streifen lassen sich weitere Strukturen unterscheiden. Im mikroskopischen Bereich findet sich eine örtliche Nahordnung parakristalliner Art. Streckenweise existiert ein Graphitgitter mit schichtenartig angeordneten, aus sechs Kohlenstoffatomen bestehenden Ringen. Dann wieder stößt man auf polyzyklische Systeme, die jeweils aus mehreren aromatischen Ringen bestehen. Die Mehrringsysteme sind untereinander durch Kohlenstoffketten verbunden.

Alle diese Nahordnungsbereiche sind inselhaft, erreichen nur eine Länge von weniger als 0,00001 mm, sind locker gepackt und durch amorphe, ordnungslose Gebilde voneinander getrennt. In den amorphen Bereichen sind die Strukturteile oder sogar schon die Moleküle nicht chemisch miteinander verbunden, sondern werden nur durch zwischenmolekulare Kräfte oder mechanische Verzahnung zusammengehalten. Diese an sich schwachen Kräfte summieren sich freilich so, daß die Kohle meist eine erhebliche Festigkeit erreicht.

An gröberen Strukturelementen sind zu erkennen: 1. der Vitrit oder Vitrinit, die Glanzkohle; 2. der Durit oder Inertinit, die Mattkohle; 3. der Fusit oder Fusinit, die Faserkohle; sie ist matt und faserartig; 4. das flüchtige oder schmelzbare Bitumen, auch Exinit genannt. Die jeweiligen Anteile dieser Elemente bestimmen die Qualität der Kohle.

Die verschiedenen »Macerale« – so heißen die genannten Elemente in Analogie zu den Mineralen eines Gesteins – deuten auf den pflanzlichen Ursprung der Kohle hin und lassen oft noch spezifische Pflanzenarten oder Pflanzenteile erkennen. Die Kohle entstand aus tropischen Sumpfwäldern, die infolge tektonischer Bodenbewegungen (Gebirgsbildung, Schichtfaltung) allmählich versanken. Über ihnen wuchsen neue Sumpfwälder, die ihnen in geologischen Zeiträumen in die Tiefe folgten. Die versunkenen Sumpfwälder mit ihren ungeheuren Pflanzenmassen verwandelten sich durch mikrobielle Einwirkung, Druck und Wärme in Kohle. Der Erddruck steigt mit je 100 m Tiefe um 25 kg/cm^2, die Temperatur um 3° C. Viele chemische Reaktionen werden von Druck und Temperatur begünstigt.

Die übereinander liegenden Kohlenflöze zeigen heute noch die Reihenfolge der versunkenen Vegetationsschichten an. Bei der Steinkohle begann der Prozeß vor 300 bis 400 Millionen Jahren. Die Braunkohle ist weit jünger, die Pflanzen, aus denen sie stammt, begannen erst vor 50 bis 60 Millionen Jahren mit der Umwandlung in Kohle. Der Prozeß, durch den die Kohle aus Pflanzenresten entstand, wird als »Inkohlung« bezeichnet.

Die Inkohlung ist ein sehr verlustreicher Vorgang. Aus 8 kg trockener Pflanzensubstanz der Vorzeit ist nur 1 kg Steinkohle geworden. In den Pflanzen waren riesige Mengen Sonnenenergie durch Photosynthese gespeichert. Das meiste ist aber im versunkenen Sumpf im ersten, »biochemischen« Stadium von Mikroben aufgezehrt, im zweiten, »geochemischen« Stadium bei chemischen Umsetzungen verbraucht oder als Wärme in die Umwelt abgeleitet worden. Nach Kalorien gerechnet, ist der Verlust nicht so groß, aber von 22000 kcal Wärmewert der einstigen Pflanzen sind nur noch 8000 kcal in der Kohle zu finden. Als es noch in den Schachtelhalmen rauschte, war viel mehr Substanz vorhanden.

Die mikroskopische Petrographie der Kohle zeigt, daß die Glanzkohle aus Holz entstanden ist, aus Stämmen, Ästen und Zweigen. Man findet bis zu 2000 Jahresringe. Oft ist noch die Zellenstruktur des Holzes zu erkennen. Sogar Koniferenzapfen finden sich als Fossilien. Das Holz wurde in den Jahrmillionen im Moor aufgeweicht, seine zelluloseartigen Teile erfuhren allmählich eine chemische Umwandlung. Die Mattkohle stammt aus ursprünglich weicheren Materialien. Sie entstand aus Blättern, Pilzen, Pollenkörnern und Sporen. Die Körner findet man in allen Stufen der Inkohlung von fast frischen Gebilden bis zu fertigen Kohlenkörnchen, in denen nur noch das geschulte Auge des Paläobotanikers die ursprüngliche Form erkennt. In jüngerer Mattkohle hat man Blattreste gefunden, die nach 100 Millionen Jahren noch grün waren. Die Faserkohle zeigt die Holzstruktur noch deutlicher als die Glanzkohle, erinnert an Holzkohle, ist reich an Mineralien und schwer zu veredeln. Für die Kohlehydrierung ist es wichtig, daß Exinit und Vitrinit leicht zu hydrieren sind, während Inertinit und Fusit wenig reagieren.

Je älter die Kohle ist, desto »reifer« ist sie, d.h. um so mehr ist der Inkohlungsprozeß fortgeschritten. Die jüngste »Kohle« ist der Torf, der noch eindeutig als Pflanzenmaterial identifizierbar ist. Alle Kohle hat als Torf angefangen. Etwas älter ist die Braunkohle, deren weichere, noch pflanzenähnliche Sorten auch Lignit genannt werden. Die bessere Pechbraunkohle leitet zu der viel älteren Steinkohle über. Die höchste Stufe der Inkohlung erreicht der Graphit, der zu den Molekülkristallen gehört. Er ist nicht brennbar, leitet aber die Elektrizität wie ein Metall. Das kommt daher, daß sich zwischen den Schichten der sechseckigen Ringe bewegliche Elektronen befinden. Die Schichten sind gegeneinander verschiebbar; deshalb kann Graphit auch als Schmiermittel verwendet werden.

Wichtig: flüchtige Bestandteile

In der Kohle ist das sogenannte Bitumen, als Maceral Exinit genannt, der Hauptträger der flüchtigen Bestandteile. Dieser wachsähnliche, amorphe, dem Erdöl verwandte Stoff, der stellenweise auch bergmännisch gewonnen werden kann, läßt sich mit Benzol oder Pyridin aus der Kohle extrahieren. Sein Anteil an der Kohle wird zur Klassifizierung der letzteren herangezogen. Die Braunkohle wird als subbituminös bezeichnet, die Gasflamm- und Gaskohle als hochbituminös, die Fettkohle als mittelbituminös. Dagegen sind Magerkohle und Anthrazit nichtbituminös. Mit fortschreitender Reife bzw. Inkohlung nimmt der Bitumengehalt ab. Der Anthrazit, die reifste und wertvollste Steinkohlenart, etwa 400 Millionen Jahre alt, ist wegen seiner Bitumenarmut zur Veredlung nicht geeignet, aber ein hervorragendes Heizmaterial. Von Bitumen durchtränkt sind die pflanzlichen Elemente der Mattkohle. Auch die hier zu findenden Körnchen von Harzen und Wachsen gehören in diese Kategorie. Im Torf und Lignit finden sich Huminsäuren, in Braunkohle Humine aus dem Humus der urtümlichen Wälder. Mit fortschreitender Inkohlung gleichen sich diese Stoffe einander immer mehr an, bis sie alle fast dieselbe Kohlensubstanz bilden.

Hydrierkohlen müssen einen hohen Anteil flüchtiger Bestandteile enthalten. Diese leiten die Bildung von Gasen und Ölen ein. Die flüchtigen Bestandteile (FB) betragen in Gewichtsprozenten bei den einzelnen Kohlenarten:

Flammkohle 40–45
Gasflammkohle 35–40
Gaskohle 28–35
Fettkohle 19–28
Magerkohle 12
Anthrazit 4–8.

Diese Bestandteile entweichen in der Regel erst bei starker Erwärmung der Kohle. Nur ein Zehntel verflüchtigt sich schon bei Zimmertemperatur im Vakuum. Durch Erhitzen ausgetrieben, schlagen sich die Dämpfe als Teere und Öle nieder. Manche bleiben gasförmig. Die flüchtigen Bestandteile sind zum Teil schon in ihrer fertigen Form als Körner oder Einschlüsse in der Kohle vorhanden, zum Teil entstehen sie chemisch aus Vorstufen bei der Erhitzung. Wie kommen sie aus der Kohle heraus?

Kohle jeder Art ist von Poren und Rissen durchsetzt. Diese winzigen Hohlräume, die mit der amorphen Struktur der Kohle zusammenhängen, sind von entscheidender Bedeutung für die Hydrierung oder Extraktion von Kohle. Die Kohle ist nach allen Richtungen von feinsten Röhrchen, den Kapillaren, durchzogen. Diese Röhrchen haben Durchmesser von weniger als 4 nm (1 nm = 1 Nanometer = 1 Milliontelmillimeter). In diese Poren und Kapillaren müssen die Gase oder Flüssigkeiten eindringen, wenn die Kohle hydriert oder gelöst werden soll, und durch diese Poren und Kapillaren müssen die flüchtigen Bestandteile der Kohle oder die ersten Hydrierprodukte hinauswandern. Die kapillare innere Oberfläche der Kohle beträgt summiert ein Vielfaches der äußeren Oberfläche selbst bei feinster Zermahlung. Sie erreicht 30 bis 100 Quadratmeter je Gramm! Das Porenvolumen macht 10 bis 20% des Gesamtvolumens der Kohle aus.

Es gibt Kohlenarten, die stark backen, wenn man sie zur Veredlung erwärmt. Das verkleinert die Oberfläche und versperrt die Poren; solche Kohlen eignen sich nicht zum Hydrieren. Bei den bituminösen Kohlen ist die Porosität dem Anteil der flüchtigen Bestandteile proportional. Im Hinblick darauf, daß das Entweichen der flüchtigen Bestandteile der erste Schritt der Kohleveredlung ist, ist die Wichtigkeit der Porenstruktur evident.

Die chemische Zusammensetzung der Kohle wird anhand der reinen Kohlensubstanz, d.h. der wasser- und aschefreien

Kohle (waf, engl. *daf*) ermittelt. Sie ist nicht identisch mit dem Kohlenstoffgehalt. Je nach dem Wasser- und Mineralgehalt schwankt der Anteil der reinen Kohlensubstanz. Manchmal beträgt er nur 50% oder weniger, selten übersteigt er 85%. Im Bergbau wird mit der Kohle viel Wasser und Asche gefördert. Nimmt man noch hinzu, daß meist sehr viel Gestein mitkommt, ebenfalls in der Größenordnung von 50%, so versteht man, warum die Kohle so teuer ist. Es steckt viel tote Arbeit darin, nicht nur zur Gewinnung und Beförderung toten Materials, sondern auch in der umfangreichen Aufarbeitung, die zur Entfernung dieses Materials notwendig ist.

Wieviel leichter hat man es mit dem Erdöl! Es sprudelt in fast hundertprozentig verwendbarer Form aus der Erde und bedarf nur der Raffination. An sich müßte es sehr billig sein. Der Erdölpreis ist aber nicht kostenorientiert, sondern wird unter Ausnützung der Marktlage willkürlich festgesetzt. Die »Ölscheiche« nehmen für das Öl das 80fache der Gestehungskosten! Die »Ölmultis« der westlichen Welt lassen sich nicht lange bitten, die Preiserhöhungen mitzumachen. Das Ölschaf wird an der Quelle geschoren; der Hauptgewinn wird am Rohöl gemacht. Freilich können die Ölkonzerne darauf hinweisen, daß sie ungeheure Summen benötigen, um neue Ölquellen aufzusuchen und zu erschließen, wobei sie gewiß einen großen Teil ihrer Gewinne wieder verbohren. Die Erschließung des Nordsee-Öls zum Beispiel hat schon 60 Milliarden DM gekostet, wobei von je acht Bohrungen nur eine fündig geworden ist. Den Ölscheichen haben andere die teuren Erschließungsarbeiten abgenommen und ernten nun den Lohn.

Die reine Kohlensubstanz ist nach chemischen Elementen im Durchschnitt prozentual wie folgt zusammengesetzt: Kohlenstoff 83, Sauerstoff 12, Wasserstoff 4, andere 1. Die letzteren Elemente umfassen Stickstoff, Schwefel und mineralische Reste. Bei Braunkohle betragen die Anteile: Kohlenstoff 70, Sauerstoff 24, Wasserstoff 5, andere 1. Man erkennt den geringeren Inkohlungsgrad der Braunkohle, die noch den Pflanzen nähersteht. Sie pflegt noch 50% Wasser zu enthalten, manchmal mehr. In der Steinkohle beschränkt sich der Wassergehalt auf wenige Prozente. Das Wasser ist in der Kohle kapillar adsorbiert und wird beim Trocknen ausgetrieben. Mit dem Reifegrad der Kohle steigt der Kohlenstoffgehalt, die anderen Stoffe werden ausgeschieden. Anthrazit kann einen Kohlenstoffgehalt von 98% erreichen.

Der Stickstoff der Kohle stammt aus dem pflanzlichen und bakteriellen Eiweiß. Die mineralischen Bestandteile kommen zum Teil ebenfalls aus den ursprünglichen Pflanzen, meist aber sind sie Staub aus der mineralischen Umwelt. Der Schwefel der Kohle, bei der Verbrennung und Hydrierung ein unerwünschtes Element, kommt zum Teil aus dem organischen Eiweiß wie der Stickstoff, überwiegend aber ist er mineralischer Herkunft und tritt häufig als Pyrit (Schwefeleisen) auf. Die mineralischen Bestandteile der Kohle liefern die Asche. Kohle mit hohem Aschegehalt muß entascht werden. Sehr aschereiche Kohle gilt als »Ballastkohle« und ist entsprechend billig.

Wasserstoff und Sauerstoff sind in der Kohle, außer in Wasserform, als Teile organischer Verbindungen enthalten. Sauerstoff findet sich in Phenolen, Säuren, Alkoholen und Ketonen. Stickstoff liegt meist als Ammoniak oder Ammoniakderivat vor.

Viel Teer gibt die Braunkohle, bis zu 25%. Aus Braunkohle können mit Benzol 5–20% Harze und 5–15% »Montanwachs« extrahiert werden. Der Bitumengehalt kann bis zu 60% gehen. Die aromatischen Strukturen sind kleiner als bei Steinkohle. Die Aromatisierung nimmt mit Alter und Reife der Kohle zu, ehe zum Schluß der aromatische Sechsring in den graphitischen übergeht.

Der Heizwert der verschiedenen Kohlen beträgt in kcal/kg: Torf 1500, Lignit 2500, Braunkohle 3000–5000, Flamm- bis Fettkohle 7000–8000, Magerkohle 8500, Anthrazit 8000–9000.

Koks ist entgaste Kohle. Er wird hauptsächlich als Reduktionsmittel für Eisenerz im Hochofen benützt, in geringerem Grad als Feuerungsmaterial. Nur wenige Kohlen eignen sich als Kokskohlen. Das Ruhrgebiet allerdings ist reich daran. Fettkohlen mit 17–27% flüchtigen Bestandteilen geben guten Koks. Die Kohle wird bei der Verkokung unter Luftabschluß auf 1000° C erhitzt. Sie wird plastisch, schäumt und gibt Gas ab. Dank sparsameren Verfahren ist der Koksbedarf der Hüttenwerke trotz größerer Eisenproduktion stark gesunken; mit etwa 500 kg je Tonne Eisen beträgt er jetzt weniger als die Hälfte des Standes von 1950. Durch ein neues deutsches Brikettierverfahren läßt sich auch aus weniger guter Kohle, gemischt mit Kokskohle, ein brauchbarer Koks erzeugen.

Erdöl und Benzin

Es verbleibt noch, das Erdöl mit der Kohle zu vergleichen, weil die aus Kohle erzeugbaren Ölfraktionen jenen der Erdölraffination ähneln. Das Erdöl ist ein Gemenge flüssiger Kohlenwasserstoffe verschiedenen Molekulargewichts. Sie werden herkömmlicherweise durch fraktionierte Destillation getrennt. Die von 50–200° C siedende Fraktion enthält, außer gelösten Gasen, vor allem Benzin. Das Benzin ist ein Gemisch von Kohlenwasserstoffen mit 5 bis 11 C-Atomen. Die von 200 bis 325° C siedende Fraktion gibt Mittelöl, aus dem Dieselöl und leichtes Heizöl erzeugt wird. Die Fraktion von 325 bis 500° C gibt Schweröle, namentlich schweres Heizöl. Noch höher sieden die Schmieröle. Die festen Rückstände (Paraffine, Asphalte) lassen sich weiterverarbeiten.

Das unmittelbar aus Rohöl destillierte Benzin erreicht 24%, wovon die Hälfte als Treibstoff, der Rest zum großen Teil als Chemierohstoff verwendet wird. Durch Kracken und Hydrokracken von schwereren Fraktionen und Rückständen kann die Benzinausbeute auf 60% gesteigert werden. Die Rückstände können auch vergast werden.

Am Katalysator werden wahrscheinlich alle Verbindungen vorübergehend dehydriert und dadurch reaktionsreif gemacht. Das Kracken, aber auch ein Teil der Hydriervorgänge, beruht auf verwickelten und noch längst nicht voll erforschten Spezialreaktionen am Katalysator oder an den katalytisch wirkenden eisernen Behälterwänden. Der Fachmann spricht von der Chemie sorbierter Carbeniumionen. Das Carbeniumion (ein Ion ist ein Atom, das ein oder mehrere Elektronen verloren oder hinzugewonnen hat) entsteht dadurch, daß das am Katalysator adsorbierte Kohlenstoffatom zeitweise ein Elektron mit dem Katalysator austauscht: dies befähigt es zu Reaktionen, die sonst unmöglich wären.

Im Benzin kommen verschiedene Kohlenwasserstoffe vor, deren Moleküle zum Teil verändert werden müssen, um hohe Qualität zu erhalten. Die vier Grundtypen sind:

$CH_3CH_2CH_2CH_2CH_2CH_3$

aliphatisch, geradkettig
(Hexan)

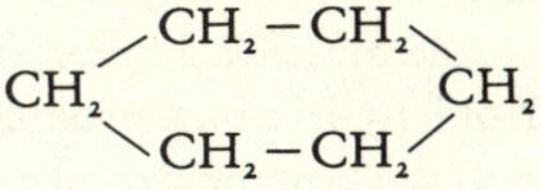

aliphatisch, zyklisch
(Zyklohexan)

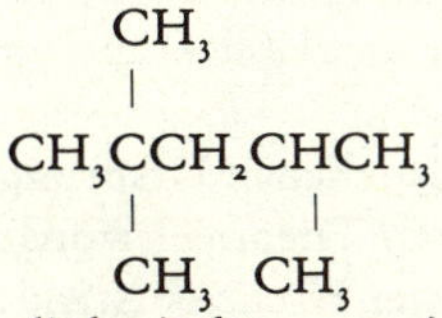

aliphatisch, verzweigt
(Isooktan)

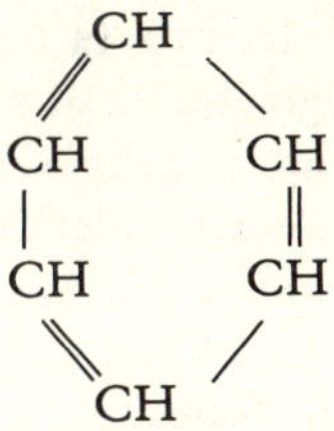

aromatisch
(Benzol)

Die verzweigten Isomeren erhöhen die Klopffestigkeit des Benzins. Die Überführung einer geradkettigen in eine verzweigte Struktur wird als Isomerisierung bezeichnet. In der Technik heißt sie das Reformieren. Sie kann mit einer Hydrierung bei 150–300° C und 30–100 bar im Katalysator verbunden werden. Dann heißt sie das Hydroformieren. Die auch als Naphthene bezeichneten Zykloparaffine können durch Dehydrierung aromatisiert werden. Die Aromatisierung erhöht wie die Isomerisierung die Oktanzahl.

Das »Superbenzin« wurde ursprünglich durch Beimischung von Benzol hergestellt. Heute erzeugt man die gewünschten Aromaten katalytisch im Benzin selbst, ebenso wie die verzweigten Isomeren. Die erhöhte Klopffestigkeit solcher Treibstoffe beseitigt nicht nur das lästige und leistungsmindernde Klopfen des Motors, sondern gestattet auch eine Erhöhung der Kompression, die wieder zu sparsameren und leistungsstärkeren Motoren führt. Bei hoher Kompression würden Benzine von geringerer Qualität klopfen.

Alle diese Techniken finden auch bei der Verarbeitung der Kohlehydrierungsprodukte Anwendung. Manchmal lassen sich die Anteile der einzelnen Fraktionen über die Wahl des Katalysators und der Reaktionsbedingungen steuern, aber eine weitere Bearbeitung ist fast immer unerläßlich und umfaßt eine Reihe kostspieliger Schritte.

Auch das Erdöl ist hauptsächlich pflanzlichen Ursprungs. Früher glaubte man an die »Faule-Fisch-Theorie«, wonach das Öl aus ungeheuren Massen verwester Fische entstanden sein sollte. Es findet sich immer an der Stelle früherer Meere. Heute weiß man, daß die Fische nur eine geringe Rolle bei der Ölentstehung gespielt haben. Die Hauptmasse stammt aus dem Plankton der Urmeere, jener aus pflanzlichen und tierischen Kleinlebewesen gemischten grünlichen Masse, die in unvorstellbaren Mengen noch heute alle Meere bedeckt und die eigentliche Quelle alles Lebens im Meer ist. Wie bei der Kohlenentstehung bewirkten Mikroben, Druck und

Temperatur, nachdem diese organischen Massen mit dem Rückgang der vorzeitlichen Meere im Boden versunken waren, die Bildung von Erdöl. Wir sind dabei, dieses Erdöl in weniger als einem Milliontel der Zeit aufzubrauchen, die seine Entstehung erfordert hat.

3. Kohlehydrierung nach Bergius

Das Kohlehydrierungsverfahren nach Bergius bildet bis heute die Grundlage der Hydriertechnik in der ganzen Welt, obwohl viele Einzelheiten verändert worden sind und noch verändert werden. Nachstehend soll daher dieses Verfahren unter Berücksichtigung der Modifikationen, die es im »IG-neu-Verfahren« erfahren hat, in den Grundzügen dargestellt werden.

Ölpaste für die »Sumpfphase«

Die Kohle wird zunächst zu einer Korngröße von 3 mm zermahlen, im Flugstrom getrocknet und auf 150° C vorerhitzt. Dann folgt eine Feinmahlung in Öl unter Zugabe von 2% Eisenkatalysator in Pulverform. Die Kohlenkörner sind nun kleiner als 0,2 mm. Die Kohle kommt dann in den Anmaischbehälter, wo sie mit aus dem Prozeß selbst stammendem Anreibeöl im Verhältnis 1 : 1,5 zu einer Paste oder Maische vermischt wird. Das Anreibeöl besteht zu 40% aus Mittel- und zu 60% aus Schweröl.

Die Paste wird, mit etwas Wasserstoff und Kreislaufgas gemischt, auf einen Druck von 300 bar gebracht und in einem Wärmeaustauscher, der zum Teil mit Prozeß-Abwärme beheizt wird, auf 380° C erhitzt. Dann geht sie noch durch einen Erhitzer, der sie auf die Reaktionstemperatur von 425° C bringt, mit der sie in den Hydrier-Reaktor eintritt.

Während dieser ersten Stufe des Prozesses hat die Kohle schon eine erhebliche thermische Zersetzung erfahren. Es ist teilweise Depolymerisation eingetreten, in Einschlüssen vorhandenes flüchtiges Material ist freigesetzt worden. Die Struktur der Kohle hat sich aufgelockert, besonders der Vitrinit ist weich und plastisch geworden. Die ersten Gase sind entstanden.

Am reaktivsten sind die Sorten mit viel flüchtigen Bestandteilen (S. 32). Die feine Zermahlung der Kohle, die erhebliche Kosten verursacht, ist zur Vergrößerung der äußeren und inneren Oberfläche, an der die Hydrierung stattfindet, notwendig. Im Vergleich zu Kohlenstückchen von 1 cm Durchmesser erhöht sich die Gesamtoberfläche im Pulver auf das Tausendfache.

Das Öl erleichtert nicht nur die Manipulation, sondern wirkt auch als Lösungsmittel und Wasserstoffüberträger. Die letztere Eigenschaft rückt beim Extraktionsverfahren in den Mittelpunkt, ist aber auch beim Ölpasteverfahren wesentlich. Der Katalysator ist nach der Hydrierung schwer aus den Rückständen wiederzugewinnen und wird in der Regel nur einmal benutzt. Man verwendet deshalb in der Sumpfphase einen billigen, aus Eisenoxyd und Tonerde zusammengesetzen Katalysator. Bergius setzte der Masse ursprünglich Eisenoxyd zu, um den Schwefel der Kohle zu binden. Später bemerkte man, daß das Eisen auch als Katalysator wirkt. Auch der Gehalt der Kohle an mineralischer Asche hat merkliche katalytische Wirkung. Bei zuviel Asche überwiegen allerdings die nachteiligen Effekte.

Die Vorgänge im Reaktor

Aus dem Erhitzer wird die Kohlenpaste in den Reaktor oder »Ofen« gedrückt. Der Ofen ist ein System von Rohren. Drei bis vier Öfen sind hintereinandergeschaltet; die Paste durchwandert sie der Reihe nach. In den Reaktor wird Wasserstoff unter einem Druck von 300 bar gepreßt; die Paste füllt sich mit Gasblasen. Der Wasserstoff wird in Vergasungsanlagen mit Hilfe des schon beschriebenen Wassergasverfahrens gewonnen.

In den Rohren des Reaktors findet die Hydrierung statt. Da sie exotherm ist, braucht man den Reaktor nicht weiter zu heizen; die Reaktionswärme sorgt für die Aufrechterhaltung einer Temperatur von 475° C. Der Reaktor muß sogar mit Kaltgas gekühlt werden, um nicht »durchzugehen«. Die Verweilzeit im Reaktor beträgt 30 bis 45 Minuten.

Die Reaktionskinetik der Hydrierung fester Kohle ist erst wenig geklärt. Zum Teil reagieren die thermischen Zersetzungsprodukte der Kohle, vor allem die flüchtigen Bestandteile, zum Teil aber handelt es sich um Reaktionen, die in die Festkörperchemie gehören. Reaktionen in festen Körpern sind mit einem Platzwechsel von Atomen verbunden. Wenn er schnell ablaufen soll, muß er thermisch angeregt werden. Die von der Erhitzung zu starken Schwingungen veranlaßten Atome oder ganze Moleküle verlassen ihren Platz im festen Gefüge. Fehlstellen im Gefüge erleichtern diesen Vorgang, und an solchen ist in der amorphen Kohle kein Mangel. Im allgemeinen liegen die reagierenden Stellen an äußeren oder inneren Oberflächen, wie sie in der Kohle ja reichlich vorhanden sind. Im Kraftfeld der Oberflächenatome setzt die Reaktion ein.

Die Herstellung des reaktiven Zustands erfordert eine hohe Aktivierungsenergie, die teils aus der Vorerhitzung, teils aus der Wärme exothermer Reaktionen stammt. Sie ist von der Größenordnung der eigentlichen Reaktionsenergie. Nach der Reaktion wird sie wieder freigesetzt. Die Energie der Reaktion selbst ist vom Weg der Reaktion unabhängig; ob wir Benzin durch Hydrierung nach Bergius oder durch Synthese nach Fischer-Tropsch erzeugen, ist für die Summe der dazugehörigen Reaktionen immer die gleiche Energie erforderlich. Das ist ein Grundgesetz der Chemie. Die Aktivierungswärme dagegen ist abhängig vom Reaktionsweg und kann bei verschiedenen Methoden sehr verschieden sein. Insbesondere wird sie, wie schon dargelegt, durch den Katalysator herabgesetzt, der die Reaktion über unstabile Zwischenverbindungen führt, die sich an seiner Oberfläche bilden und sehr reaktionsbereit sind. Auch die technischen Mittel, die zur Herbeiführung der Reaktion eingesetzt werden, können sehr verschieden sein und die Wirtschaftlichkeit eines Verfahrens entscheidend beeinflussen, obwohl die eigentliche Reaktionsenergie bei allen Verfahren die gleiche ist.

Für die Hydrierung ist es von grundlegender Bedeutung, daß der molekulare Wasserstoff H_2 am Katalysator in zwei Atome gespalten wird. Atomarer Wasserstoff ist weit reaktiver als molekularer. Es scheint, daß bei der Hydrierung der festen Kohlensubstanz zunächst die Seitenketten hochmolekularer Verbindungen abgespalten werden. Sie bilden sogenannte Asphaltene, die verhältnismäßig langsam mit dem Hydrierwasserstoff weiterreagieren und katalytisch in kleinere Moleküle gespalten werden. Der Vorgang konnte experimentell nachgeahmt werden. Die aromatischen Strukturen dagegen scheinen zu einem großen Teil erhalten zu bleiben, wenn sie den Festkörper verlassen haben. Schwer angreifbar sind die kristallinen graphitischen Strukturen.

Im Reaktor findet eine fast unübersehbare Anzahl von chemischen Reaktionen statt, die zum Teil sogar gegenläufig sind und zu Gleichgewichtszuständen führen. Die Produkte reagieren stufenweise weiter, manche reagieren zeitweise zurück. Von Reaktionstypen sind insbesondere Pyrolyse, Depolymerisation, Hydrierung, Dehydrierung, Kettenreaktion und verschiedene Kombinationen dieser Typen erkennbar. Bei längerer Umsatzdauer kann sich die Reaktionsweise verschieben, weil die inzwischen entstandenen Produkte den Reaktionsgang beeinflussen. Druck, Temperatur, Verweilzeit und Katalysator sind für die Art der entstehenden Produkte bestimmend.

Die Kohle wird im Reaktor unter Hydrierung zu öligen Zwischenprodukten niedrigen und mittleren Molekulargewichts abgebaut. Daneben entstehen auch Gase. Bei dem gegebenen Druck und der gegebenen Temperatur tendiert das System zu einem Endzustand, der aus Methan, Kohlendioxyd und Wasserstoff bestehen würde. Dieser unerwünschte Zustand thermodynamischer Stabilität stellt sich aber nur langsam ein. Die unter den gegebenen Bedingungen auf die Dauer unstabilen Zwischenprodukte wie Öle, Gase und Benzin können inzwischen abgefangen werden. Längere Verweilzeit und höhere Temperatur verstärken die Spaltung und die Entstehung allzu niedermolekularer Produkte, besonders die normalerweise wenig erwünschte Gasbildung, die den Wasserstoffverbrauch erhöht und die Kosten steigert.

In der Sumpfphase vollzieht sich der größte Teil der Spaltungs- und Hydriervorgänge. Hier werden drei Viertel des Wasserstoffs verbraucht. Bei der Hydrierung sind Verluste durch CO_2-Bildung unvermeidbar. Sie verzehren 11% der Kohle. Die entstehenden mittleren und schweren Öle erinnern noch an die Kohlen, aus denen sie stammen: aus Steinkohle entstehen mehr aromatische, ringförmige Verbindungen, aus Braunkohle mehr aliphatische, kettenförmige (S. 37). Die Hydrierung beseitigt auch die störenden Elemente Schwefel, Stickstoff und Sauerstoff bis auf geringe Reste. Aus Schwefel wird der übelriechende Schwefelwasserstoff, der anderweitig verwertet werden kann, aus Sauerstoff wird großenteils Wasser, aus Stickstoff das verwertbare Ammoniak. Das Wasser dient als Lösungsmittel für viele als Nebenprodukte anfallende Verbindungen.

Höhere Temperatur begünstigt Dehydrierung und Gasbildung. Der hohe Wasserstoffdruck wirkt diesen Tendenzen entgegen. Er fördert den Wasserstoffeinbau und gestattet die Anwendung hoher Temperaturen, die reaktionsbeschleunigend wirken. Im Endergebnis erhöht er den Ölgewinn.

Die Gasphase

Aus dem Reaktor gelangt das entstandene Stoffgemisch in den Heißabscheider. Hier trennen sich die bei 450° C gasförmigen, leichteren Produkte von den schwereren, flüssigen oder festen Anteilen. Diese werden nach unten abgeführt, während die Gase und Dämpfe zu einem Wärmeaustauscher strömen, der sie auf 200° C abkühlt, wobei schon Mittel- und Schweröle auskondensieren und als »heißes« Kohleöl zur Destillation fließen. Die restlichen Gase und Dämpfe werden auf 30° C abgekühlt. Die Dämpfe kondensieren zu Benzin, Mittelöl und Wasser. Letzteres wird wegen der darin gelösten Chemikalien anderweitig aufgearbeitet. Das »kalte« Kohleöl jedoch wird wie das »heiße« der Destillation zugeführt. Die so gewonnenen Öle sind frei von Feststoffen und Asphalten. Bei der Destillation wird das Ölgemisch in Leicht-, Mittel- und Schweröle getrennt. Die permanenten Gase können gesondert verwertet oder als Kreislaufgas in den Prozeß zurückgeführt werden. Ein Teil des Schwer- und Mittelöls wird als Anreibeöl wiederverwendet.

Als Leichtöl oder Benzin bezeichnet man, wie schon erwähnt, die unter 200° C siedenden Fraktionen, als Mittelöl die Fraktionen mit Siedepunkten zwischen 200 und 325° C, als Schweröl die über 325° C siedenden Anteile.

Die Öle einschließlich des Rohbenzins werden wieder verdampft und der Gasphase zur weiteren Hydrierung und Raffination zugeführt. Dies erfolgt in einer zweiten Hydrieranlage mit mehreren hintereinandergeschalteten Reaktoren mit Vorerhitzer und Wärmeaustauscher. Wesentlich ist, daß der Katalysator hier in festen Stücken vorliegt und herausgenommen werden kann. Der Katalysator ist es, der zur Einführung der Gasphase den Anlaß gegeben hat. Die Weiterhydrierung der Öle erfordert nämlich wertvolle Katalysatoren, namentlich Wolfram und Molybdän, die man nicht wie das billige Eisenoxyd wegwerfen kann. Sie sollen möglichst lange benutzbar und leicht wiedergewinnbar sein, wenn sie durch chemische Reaktion oder Verschmutzung regenerationsbedürftig geworden sind.

Die Moleküle der Öle werden in kleinere, Benzin und Dieselöl bildende Moleküle gespalten, womit eine Weiterhydrierung Hand in Hand geht. Mittelöl kann auch zu leichtem Heizöl verarbeitet werden. (Im Rohzustand sind die Öle nur als schweres Heizöl brauchbar.) Die Gasphase erfordert weniger Wasserstoff und erzeugt weniger Reaktionswärme. Die Hydrierung in der Gasphase erfolgt unter ähnlichen Bedingungen wie in der Sumpfphase, etwa 400° C und 300 bar. Sie zerfällt in die Vorhydrierung und die Benzinierung.

Die Vorhydrierung dient der Entfernung der Reste von Sauerstoff, Stickstoff und Schwefel. Die Benzinierung ist die eigentliche Spaltung und Hydrierung zu den Molekülen, die das Benzin bilden. Sie umfaßt auch die dehydrierende Aromatisierung und die Isomerisierung. Als Katalysatoren dienen meist Oxyde oder Sulfide von Molybdän und Wolfram, zum Teil auf Tonerde als Träger; auch Zusätze von Nickel und anderen Metallen werden verwendet. Bei der Isomerisierung wird kein Wasserstoff verbraucht, bei der Aromatisierung wird sogar Wasserstoff freigesetzt. Die Verweilzeit in der Gasphase beträgt nur 2–4 Minuten. Für jede Reaktion wird ein spezifischer Katalysator gewählt. Das Benzin wird durch die Nachbehandlung auf eine hohe Oktanzahl gebracht.

Der Abschlamm und seine Verwendung

Kehren wir zum Heißabscheider zurück, den wir mit den Gasen und Dämpfen der leichteren und mittleren Produkte verlassen haben. In dem Abscheider ist ein umfangreicher Abschlamm zurückgeblieben, der schwere Öle, Asphalte, Kohlenreste, Asche und billigen Katalysator enthält. Beim ursprünglichen Verfahren wurde der Abschlamm zentrifugiert. Das abgeschleuderte Öl wurde als Anreibeöl für frische Kohle verwendet. Dieses Öl enthielt aber noch große Mengen asphaltartiger Rückstände, die schwer zu hydrieren waren. So gelangten diese Rückstände in den Prozeß zurück. Um sie zu hydrieren, mußte mit 700 bar Druck gearbeitet werden, auch der Wasserstoffverbrauch stieg.

Heute geht man anders vor. Der Abschlamm wird »getoppt«, d.h. durch Vakuumdestillation von noch verflüchtigbarem Schweröl befreit. Dieses geht als Anreibeöl in den Prozeß zurück und schleppt keine Rückstände mehr in den Kreislauf ein. Infolgedessen kommt man im Reaktor mit 300 bar Druck aus. Die Gaserzeugung, die ursprünglich 24% erreichte, wird verringert und damit der Wasserstoffverbrauch gesenkt. Eine Senkung der Gaserzeugung um 1% bedeutet eine Einsparung von 6 DM/t Produkt. Auch der Kohlendurchsatz konnte wesentlich erhöht werden. Der Bedarf an Anreibeöl ist groß, denn man braucht ja anderthalbmal soviel Öl wie Kohle für die Paste. Das Öl wird allmählich selbst hydriert und muß ständig ersetzt werden. Der verbliebene Abschlamm, etwa 20% der Kohle, ist noch pumpbar und enthält 50% Feststoffe.

Er wird zur Wasserstofferzeugung im Druckvergaser verwendet. Bei 1200° und 100 bar entsteht unter Zufuhr von Wasserdampf und Sauerstoff ein Synthesegas, aus dem Wasserstoff gewonnen wird (S. 12). Da er schon mit 100 bar Druck herauskommt, spart man teure Kompressionsarbeit. 100 bar Kompressionsersparnis bedeuten eine Kostensenkung von 20 DM/t Öl. Durch die Drucksenkung von 700 auf 300 bar im IG-neu-Verfahren hat man (in Preisen von 1980) die Erzeugung von 1 t Kohleöl um 80 DM verbilligt und zugleich den entsprechenden Kohlebetrag eingespart, der die Energie für den hohen Druck liefern müßte. Im Abschlamm noch vorhandener Schwefel wird als Schwefelwasserstoff abgetrennt.

Im alten IG-Verfahren wurden die Rückstände verschwelt, was noch einige Prozent Schwelöl erbrachte. Der Schwelkoks war allerdings schwer verwertbar. Beim IG-neu-Verfahren bleibt nur Asche zurück, die leicht abgeführt werden kann. Die Ölausbeute ist um ein Zehntel geringer als beim alten Bergius-Verfahren, aber die Wasserstoffgewinnung aus dem Abschlamm bringt Vorteile.

Drei Viertel des Hydrierwasserstoffs werden aus dem Abschlamm erzeugt. Für den Rest muß zusätzliche Kohle herangezogen werden.

Die eingesetzte Reinkohle wird zu etwa 90% umgewandelt. Noch höhere Umwandlungswerte sind möglich, aber nicht immer sind die höchsten Umwandlungsraten die günstigsten. Etwa 55% der Kohle werden in Öl umgewandelt, davon 11% in Rohbenzin, 20% in Mittelöl und 23% in Schweröl. An Gasen wie Methan, Äthan, Propan und Butan fallen 16% ab. Der Rest sind Verluste und im Prozeß verwertete Rückstände. Das Mittelöl ist im Rohzustand weder als Dieselkraftstoff noch als leichtes Heizöl verwendbar. Es muß für diese Zwecke in der Gasphase weiterverarbeitet werden. Bei der Erzeugung von Fahrbenzin beträgt der thermische Wirkungsgrad 55%, d.h. 55% des Wärmewerts der verarbeiteten Kohle finden sich im Produkt wieder.

Beim alten IG-Verfahren wurden 3,6 t Steinkohle für 1 t Produkt (80% Benzin und Dieselöl, 20% Flüssiggas) benötigt. Die eigentliche Hydrierkohle machte nur 1,25 t aus, die Wasserstoffherstellung verbrauchte 1,35 t, der Energiebedarf 1 t. Der thermische Wirkungsgrad betrug 41,5%.

Die Kohle kostete damals 21 RM/t und machte 30% der Herstellungskosten von 240 RM/t Benzin aus. Diese Kosten lagen beim Dreifachen der damaligen Gestehungskosten für Benzin aus Erdöl. Der Staat garantierte einen kostendeckenden Preis. Die Löhne machten nur 1,3% aus, der Kapitaldienst 19%. Mit Braunkohle erreichte der Gestehungspreis nur 1,90 RM/t Benzin.

Im Jahre 1979 kostete deutsche Steinkohle 175 DM/t. Allein die Kohle für 1 t Produkt hätte bei einem Verbrauch von 3,6 t 640 DM erfordert, mehr als das Doppelte des Gestehungspreises für Benzin aus Erdöl, der bei 300 DM/t lag. Unter der optimistischen Annahme, daß beim neuen IG-Hydrierverfahren der Kohlenbedarf auf 3 t für 1 t Produkt gesenkt werden kann, wären immer noch 525 DM für Kohle allein aufzuwenden. Das sind ungefähr drei Viertel der unter Berücksichtigung der Löhne und des Kapitaldienstes zu erwartenden Produktkosten. Die Erzeugung eines Liters Benzin aus Steinkohle hätte 1980 mindestens 70–80 Pf. gekostet gegen 25–30 Pf. für Benzin aus Erdöl. Bei Braunkohle (15 t zu 20 DM) würde der Kohlenaufwand zwar nur 50% der Kosten ausmachen, die Herstellungskosten für den Liter Benzin wären aber immer noch auf 50–60 Pf. zu schätzen.

Anforderungen an die Hydrierkohle

Nicht jede Kohle ist zur Hydrierung geeignet. Eine Hydrierkohle soll weniger als 90% Kohlenstoff enthalten (85% gelten als optimal), aber mindestens 25% flüchtige Bestandteile, womöglich mehr. Vitrinit soll zwei Drittel ausmachen, Inertinit 10% nicht übersteigen. Die Hydrierkohle darf nicht backen oder verkoken. Die Hydrierergebnisse sind stark von der verwendeten Kohle abhängig; es ist erstaunlich, wie stark sie in dieser Hinsicht beim gleichen Verfahren schwanken.

In Deutschland liefern Ruhrgebiet und Saarland gute Hydrierkohlen; die Saarkohle ist wegen ihres hohen Gehalts an flüchtigen Bestandteilen besonders geeignet. Nachstehend einige Ziffern für die in Betracht kommenden Kohlensorten.

	Flüchtige Bestandteile	% Kohlenstoffgehalt
Flammkohle	40–45	75–82
Gasflammkohle	35–40	82–84
Gaskohle	28–35	85–88
Fettkohle	19–28	88–89

Fettkohle liegt schon an der Grenze, aber die Saar-Fettkohle zeichnet sich durch 33–42% flüchtige Bestandteile aus. Braunkohle enthält 45–65% flüchtige Bestandteile und nur 70% Kohlenstoff (auf waf gerechnet). Man sieht, daß die Kohlen mit dem geringeren Inkohlungsgrad für die Hydrierung besser geeignet sind als die reiferen Typen.

Der Gehalt an Heteroatomen wie Schwefel, Sauerstoff und Stickstoff soll möglichst gering sein. Der Aschegehalt der Hydrierkohle soll 5–6% nicht übersteigen. Bei den meisten Kohlen ist der Aschegehalt höher. Gerade aschereiche Kohlen sind die billigsten.

Um den Aschegehalt der Hydrierkohle auf maximal 6% herabzusetzen, ist oft eine kostspielige Aufbereitung der Kohle notwendig. Ein Trost ist es, daß nur die eigentlich zur Hydrierung eingesetzte Kohle entascht werden muß. Das ist etwa ein Drittel der Gesamtkohle. Das übrige ist die Betriebskohle, die zur Energieerzeugung und zur Wasserstoffgewinnung im Vergaser dient, dies etwa zu gleichen Teilen. Diese Kohle braucht nicht entascht zu werden. Das Gesagte gilt für Steinkohle. Als Betriebskohle kann natürlich eine andere Kohlensorte als die Hydrierkohle verwendet werden. Bei den Extraktionsverfahren nach Pott-Broche bleibt die Asche im Rückstand, eine besondere Entaschung erübrigt sich.

Bei der Braunkohle, die zwar wenig Asche, aber 50–60% Wasser enthält, wird die Hälfte der Gesamtmenge zur Trocknung der Kohle und zur Energiegewinnung für den Prozeß verbraucht. Nur 25% werden hydriert, die restlichen 25% dienen der Wasserstofferzeugung. Ungeachtet dieser Tatsachen ist die Verwendung von Braunkohle für die Hydrierung kostenmäßig weit günstiger als der Einsatz von Steinkohle. Ihre Billigkeit gleicht ihre Nachteile aus. Die deutsche Braunkohle wird im Tagbau gewonnen und kostet im Vergleich zur Steinkohle noch nicht viel mehr als ein Zehntel, nach dem Wärmewert ein Drittel. Für 1 t Hydrierprodukt hätte man 1980 nur für 325 DM Braunkohle einsetzen müssen gegen 525 DM für Steinkohle.

Natürlich sind die Hydrierprodukte aus Braunkohle nicht um die Hälfte billiger, denn die Kohle ist ja nur einer der Kostenfaktoren; die übrigen Faktoren sind bei Stein- und Braunkohle dieselben, bei Braunkohle sogar höher, denn sie erfordert mehr Aufbereitung, mehr Manipulation und mehr Wasserstoff. Dennoch ist die deutsche Braunkohle heute das wirtschaftlichere Hydriermaterial.

Das IG-neu-Verfahren ist im Gegensatz zum alten Verfahren noch nicht großtechnisch erprobt worden. In kleineren, mit staatlicher Unterstützung erstellten Versuchsanlagen der Bergbau-Forschung GmbH und der Saarbergwerke AG hat es sich technisch gut bewährt. Die Saar-Versuchsanlage lieferte bei 94% Umwandlung folgende Prozentanteile von Produkten: Gase 15, Benzin 15, Mittelöl 30, Schweröl 10, getopptes Abschlammöl 19, dazu 11% Nebenprodukte. Die Hälfte der letzteren entfällt auf Wasser und Kohlendioxyd, der Rest besteht aus Ammoniak, Schwefelwasserstoff und Kohlenoxyd. Er ist großenteils verwertbar. Es verbleiben 6% Restkohle, die verschwelt oder verbrannt werden kann. Die Versuchsergebnisse der Bergbau-Forschung waren ähnlich.

Die Ruhrkohle AG plante 1979 eine Pilotanlage mit 200 t Tagesleistung, die nach dem weiter verbesserten IG-neu-Verfahren, jetzt die deutsche Technologie genannt, arbeiten soll. Als Einsatzkohle wurde die Ruhrkohle Westerholt gewählt. Sie besteht aus 64% Vitrinit, 17% Exinit und 14% Inertinit. Günstig ist der hohe Anteil flüchtiger Bestandteile (38%) und der geringe Aschegehalt (5%). An Wasser enthält diese Kohle 9%.

Bei 300 bar und 475° C sollen 93% der Kohle umgewandelt werden. Der Wasserstoffverbrauch ist mit 6,1–6,8% des Kohlengewichts angesetzt, erheblich weniger als in der Frühzeit des Verfahrens. Als Ausbeute werden erwartet (in Gew. %): Gase 21, Leichtöl 11, Mittelöl 18, Schweröl 22. An (wie schon gesagt, nur teilweise verwertbaren) Nebenprodukten sollen 11% abfallen.

An der Hydrierkohle kann bei dem erreichten hohen Abbaugrad nicht mehr viel gespart werden, an der Temperatur zumindest bei Benzin und Mittelöl nur wenig, da eine gewisse Grenze hier nicht unterschritten werden kann. Die angestrebten Einsparungen müssen aus der Verringerung des

Wasserstoffbedarfs, der Senkung des Drucks, der besseren Abschlammverwertung und Abwärmenutzung kommen. Sie würden sich im geringeren Bedarf an Wasserstoff und Betriebskohle auswirken. An der Saar nahm 1980 eine Pilotanlage den Betrieb auf, die weitere Verbesserungen des IG-neu-Verfahrens bringen soll. Zu diesen Verbesserungen gehört die regenerative Aufheizung des Kohlenbreis durch interne Rückführung heißer Öldestillate, ferner die Entspannung des Abscheiderschlamms bei 430° C, die eine Vakuumdestillation ohne weitere Beheizung und eine höhere Ölausbeute (bis 70% der Reinkohle statt der bisherigen 55%) ermöglichen soll. Man erhofft eine Kostensenkung um 30–40 DM/t Öl. (Über ein von Saarberg geplantes neues Verfahren der »begrenzten Hydrierung« vgl. S. 68).

Der Weg vom Laboratorium bis zum Industrieverfahren ist weit. Ein im Laboratorium erfolgreiches Verfahren muß sich erst in halbtechnischen Versuchsanlagen bewähren, dann in Pilot- und den schon industrielle Ausmaße aufweisenden Demonstrationsanlagen. Die Entwicklung ist langwierig, die Entwicklungskosten sind hoch.

Chemikalien als Nebenprodukte

Aus den Hydrierprodukten der Kohle lassen sich wertvolle Chemierohstoffe gewinnen. Auch darüber läuft ein Versuchsprogramm. Die Marktaussichten für solche Chemikalien sind gut; sie könnten die Bilanz der Hydrierunternehmen wesentlich verbessern. Die betreffenden Chemikalien werden jetzt hauptsächlich aus Erdöl gewonnen. Die chemische Industrie hängt weitgehend vom Erdöl ab. Ihr Anteil am Ölverbrauch beträgt 10%.

Der wichtigste Rohstoff für die Industrie hochwertiger Kunststoffe wie Polyäthylen usw. sind die Olefine. Das sind ungesättigte Kohlenwasserstoffe mit Doppelbindungen. Ein Beispiel ist das Äthylen $H_2C = CH_2$. Olefine können aus

Benzin und aus Gasen wie Äthan, Propan und Butan gewonnen werden, die bei der Ölraffination wie auch bei der Hydrierung in erheblichen Anteilen abfallen. (Diese Gase können verflüssigt auch als Treibstoff verwendet werden.) Die Olefine polymerisieren leicht, da die Doppelbindung aufklappt und die freiwerdende Bindung die Verknüpfung mit einem weiteren Molekül herstellt. Auf diese Weise entstehen Kunststoffe. Das Butan ist der Rohstoff für das Butadien, aus dem Kunstkautschuk erzeugt wird.

Groß ist seit jeher der Bedarf an Aromaten, vor allem Benzol, Toluol und Xylol (die BTX-Aromaten). Die Aromaten Benzol, Naphthalin, Styrol und Phenol sind Grundstoffe der Kunststoffindustrie. Chemikalien dieses Typs werden in großen Mengen zur Erzeugung von Heilmitteln, Desinfektionsmitteln, Insektiziden, Photoentwicklern, Farbstoffen, Gefrierschutzmitteln, Gerbmitteln und Klebstoffen benötigt, um nur einige Beispiele zu nennen. Viel gefragt ist unter diesen Produkten das Creosot, ein Stoffgemisch mit 30% Teersäuren, das u. a. zur Holzimprägnierung dient. Auch die Waschmittelindustrie basiert zum großen Teil auf Erdölprodukten, insbesondere höheren Paraffinen, die als Tensid-Rohstoffe dienen. (Tensid = ein die Oberflächenspannung verändernder Stoff, dadurch Waschfähigkeit.) Die höhermolekularen, wachsartigen Erdölprodukte sind die Grundlage einer Unzahl von Pflegemitteln für Bodenbeläge, Autos, Schuhe und andere Objekte.

Die Kohlehydrierung könnte einen großen Teil der Roh- und Grundstoffe dieser Art liefern. Viele ihrer chemischen Nebenprodukte sind diesselben wie im Teer, der ja auch als solcher in erheblicher Menge abfällt. Die dafür erzielbaren Preise sind besser als für Benzin. Viele Produkte bringen Erlöse, deren Anteil am Gesamterlös doppelt bis viermal so hoch ist wie ihr mengenmäßiger Anteil am Gesamtprodukt. Steinkohlenöle sind wegen ihres Gehalts an Aromaten für die Produktion aromatischer Chemie-Grundstoffe besonders geeignet.

Schon die Sumpfphase liefert Chemiestoffe; noch größer sind die Möglichkeiten, in der Gasphase solche Materialien zu gewinnen. Die Gase können durch Pyrolyse (thermische Zersetzung) unter Wasserstoffabspaltung in Olefine überführt werden; der Wasserstoff wird verwertet. So entsteht Äthylen aus Äthan nach der Formel

$$H_3C - CH_3 \rightarrow H_2C = CH_2 + H_2$$

Aus verdampftem Benzin lassen sich Olefine ebenfalls durch Pyrolyse herstellen. Das Kohlenbenzin wird hier als Rohmaterial für wertvolle Chemikalien verwendet statt als Treibstoff. Auch läßt sich das raffinierte Mittelöl über einen spaltenden Katalysator in weiteres Benzin verwandeln. Das Benzin wird in einem katalytischen Reformer zum Teil aromatisiert; die Aromaten werden zur gesonderten Verwendung extrahiert. Das nun fast ganz aus Paraffinen bestehende Benzin wird der Olefinerzeugung zugeführt. In der Fachsprache der Petroleumindustrie wird ein solches Benzin »Naphtha« genannt. In der Umgangssprache war das Wort früher ein Synonym für Rohöl. In diesem Sinne ist es kaum noch in Gebrauch; nur im Russischen heißt Erdöl noch »neft«. Das Wort stammt aus dem Arabischen und letztlich aus dem Ägyptischen.

Im ganzen erhält man, bezogen auf die Einsatzkohle, etwa 20% Aromaten als Chemie-Grundstoffe, ferner 20% Naphtha und 20% Gase als Olefin-Rohstoffe. Nimmt man noch einige Nebenprodukte hinzu, kann man 68% der Kohle in chemische Grund- und Rohstoffe umwandeln. Der deutsche Bedarf an solchen Substanzen beträgt 7 Mio t jährlich. Die aus Hydrierprodukten erzeugten Chemiestoffe sind freilich bei den jetzigen Kosten nicht mit Erdölprodukten konkurrenzfähig. Kostet doch das Kohlebenzin mehr als das Doppelte des Erdölbenzins! Die Preise von 1980 decken bei den Chemikalien nur 50–75% der Herstellungskosten. Immerhin hat sich seit 1970 die Relation der Kosten zwischen Kohlenchemie- und Erdölchemieprodukten von 4 : 1 auf ungefähr 1,6–2,3 : 1 verbessert. Auch auf diesem Gebiet hängt die Wirtschaftlichkeit letztlich von der Entwicklung der Öl- und Kohlenpreise ab.

Eine amerikanische Versuchsanlage, die nur auf Chemikalienerzeugung durch Kohlehydrierung abgestellt war, erwies sich trotz der billigen amerikanischen Kohle als unrentabel. Besser wird die Lage, wenn die Chemikalien nur ein Nebenprodukt der Öl- und Treibstofferzeugung bilden und ihre Erlöse als Gutschrift auf die Kosten der Hauptprodukte verwendet werden.

Gelänge es, Chemiestoffe aus Erdöl durch solche aus Kohle zu ersetzen, wären beträchtliche Einsparungen an Erdöl zu erzielen. Es scheint, daß der Kampf zwischen Kohlen- und Petrochemie, der seit langem zugunsten der letzteren entschieden schien, dank der Politik der Ölproduzenten – oder einfach wegen Verknappung des Erdöls – in eine neue Phase treten wird.

4. Andere Hydrierverfahren

Das modifizierte IG-neu-Verfahren, das an die Stelle des ursprünglichen Bergius-Verfahrens getreten ist, wird von vielen als das immer noch beste Hydrierverfahren angesehen. Jedoch sind, namentlich in Amerika, inzwischen noch mindestens 20 andere Hydrierverfahren entwickelt worden, von denen die wichtigsten nachstehend beschrieben werden sollen. Auch die Extraktionsverfahren fallen unter die Hydrierverfahren; nur wird hier der Extrakt statt der Kohle hydriert.

Im allgemeinen sind die neuen Hydrierverfahren bei allen Produkten auf eine Senkung des Drucks und des Wasserstoffverbrauchs ausgerichtet. Bei schwerem Heizöl sind diese beiden Kostenfaktoren von vornherein halbiert. Manche Verfahren konzentrieren sich daher auf Heizöl. Pier lehrte vor fünfzig Jahren, man solle immer auf die wertvollsten Produkte hydrieren. Heizöl gehörte damals nicht dazu. Heute ist das anders. Die rasante Umstellung auf das bequeme und billige Heizöl hat das große Loch in die Ölbilanz gerissen. Es ist volkswirtschaftlich wichtig und marktmäßig aussichtsreich, Heizöl aus Kohle zu erzeugen. Das Heizöl-Loch ist jedenfalls billiger zu stopfen als das Benzin-Loch. Es gestattet bei den neuesten Verfahren auch eine bessere Ausnutzung der Kohle (70% thermischer Wirkungsgrad gegen 55% bei Benzinerzeugung).

H-Coal-Verfahren

Das H-Coal-Verfahren ist von der amerikanischen Forschungsanstalt Hydrocarbon Research Inc. entwickelt worden. Seine Hauptmerkmale sind die Ausschaltung der Gasphase und das »wallende« Katalysatorbett. Bei diesem Verfahren gibt es nur die Sumpfphase und die Destillation der Sumpfprodukte. Man geht hier also hinter Pier zu Bergius zurück. Eine Weiterhydrierung in der Gasphase entfällt, da mit Hilfe der in der Sumpfphase eingesetzten hochwirksamen, aber kostspieligen Katalysatoren Kobalt und Molybdän der gewünschte Hydrierungsgrad schon im Sumpf erreicht wird.

Die Kohlenpaste wird in der üblichen Art mit Anreibeöl aus dem Prozeß hergestellt. Der Katalysator wird erst im Reaktor zugesetzt. Er wird in einem wallenden Bett in steter Bewegung gehalten, so daß die Wirkung ähnlich verstärkt wird wie in einem Wirbelbett. Eine Pumpe sorgt für einen lokalen Ölkreislauf im Reaktor, der die Wallung aufrechterhält. Dieses Öl dient auch als Kühlmittel. Die Kohlenpaste wird von unten nach oben durch den Reaktor gedrückt. Eine besondere Vorrichtung bewirkt die Abfuhr von verbrauchtem Katalysator nach unten, während von oben frischer Katalysator nachgeliefert wird. Die Auswechslung des Katalysators erfolgt kontinuierlich ohne Störung der Produktion. Auf 2000 t Hydrierkohle wird 1 t Katalysator verbraucht. Die Austragung des Katalysators aus dem Reaktor läßt sich, wie man hofft, entsprechend regeln.

Die Reaktortemperatur liegt bei 450° C. Der Druck beträgt bei Hydrierung am Kobalt-Molybdän-Katalysator 185 bar, soll aber auf 220–240 bar erhöht werden. Im Reaktor werden die Gase oben abgezogen und der weiteren Verarbeitung zugeführt. Die hydrierte Paste gelangt in einen Abscheider, der nach oben Gase und Öldämpfe, nach unten einen Abschlamm entläßt. Die Dämpfe werden kondensiert, das resultierende Ölgemisch wird destilliert. Der Rückstand wird der Vakuumdestillation unterzogen. Der halbfeste Rest wird zu Synthesegas vergast, aus dem Wasserstoff erzeugt wird. Ein Teil des Mittel- und Schweröls geht als Anreibeöl in den Prozeß zurück. In den Phasen nach dem Abscheiderstadium ähnelt das Verfahren dem IG-neu-Verfahren.

Die Pläne für die Großanlage sehen folgendes Ausbringen

(in Gew. % der Einsatzkohle) vor: Gase 17, Benzin 21, Mittelöl 19, Schweröl 3, außerdem 11% Nebenprodukte wie beim IG-Verfahren. Der Gewinn an Kohleöl beträgt mit 43% nur vier Fünftel der Ausbeute der deutschen Technologie. Allerdings sind die leichteren flüssigen Anteile von 29 auf 39% erhöht, während das Schweröl auf einen geringen Rest zusammenschrumpft. Die flüssigen und gasförmigen Produkte ergeben 60% der Einsatzkohle, beim deutschen Verfahren 73%. Der Wasserstoffverbrauch liegt bei beiden Verfahren um 6%.

Da das erzielte Gemisch dem Rohöl ähnelt, spricht man vom Syncrude-Verfahren *(synthetic crude oil)*. Es kann auch bei 185 bar auf ein Heizöl gefahren werden, das aus einem hohen Anteil Schweröl und einem geringeren Anteil Mittelöl gemischt ist. Das erfordert nur 3% Wasserstoff. Daneben fallen noch 12% Benzin und 5% Gase ab.

Die amerikanischen Ergebnisse wurden mit Illinois-Kohle Nr. 6 erzielt, einer sehr billigen, leicht hydrierbaren, aber schwefelreichen Kohle. Ein Versuch mit der Ruhrkohle Westerholt ergab, daß diese Kohle bei 185 bar weniger gut zu verflüssigen ist. Die Benzinfraktion war allerdings gegenüber dem deutschen Verfahren höher. Man hofft bei einem Druck von 240 bar auch mit deutscher Kohle bessere Ergebnisse zu erzielen.

Die staatliche Förderung des H-Coal-Verfahrens wurde in Amerika 1973 unter Hinweis auf die erreichte Reife des Verfahrens eingestellt; die weiteren Versuche finanziert die Industrie. Der Vorläufer von H-Coal war das H-Oil-Verfahren zur Hydrierung von Ölrückständen, das inzwischen zur industriellen Anwendung gelangt ist. Auf die Hydrierung von Kohle wurde das Verfahren zunächst mit dem Ziel der Heizölgewinnung übertragen. Das Lummus-Verfahren CFFC *(clean fuel from coal)* arbeitete mit 150 bar, 440° C und einem wallenden Bett von Kobalt, Wolfram und Molybdän. Es erbrachte 50% schweres Heizöl und 30% Rückstände, aus denen Wasserstoff bereitet wurde. Eine Variante dieses Verfahrens ist die Heizöl-Fahrweise von H-Coal. Die Syncrude-Fahrweise vergrößerte den Anteil der leichteren Produkte.

Die Baukosten einer H-Coal-Anlage werden auf das Dreifache der Kosten einer Erdölraffinerie gleicher Leistung geschätzt. Wir erwähnten schon, daß die Kohlehydrierung kapitalintensiv ist. Nach einer in der Kohlehydrierungsstudie des Bundesministeriums für Forschung und Technologie von 1973, der wir hier folgen, wiedergegebenen Berechnung betrug der Gestehungspreis 43 Dollar/t Produkt, wobei zwei Drittel Benzin und ein Drittel Heizöl als Erzeugnisse angesetzt wurden.

Von den Kosten entfielen etwa 20% auf die billige amerikanische Kohle. Dazu kamen 9% für das im Betrieb zur Wasserstofferzeugung und als Brennstoff eingesetzte, in Amerika gleichfalls billige Erdgas und 5% für von außen bezogenen elektrischen Strom. Der Kohleneinsatz betrug nur 2 t/t Produkt; das Kohlenäquivalent für Erdgas und Elektrizität, das bei einer volkswirtschaftlichen Betrachtung berücksichtigt werden muß, läßt aber noch mindestens eine Tonne hinzukommen. Katalysator und Hilfsstoffe machten 8% der Kosten aus, Löhne nur 10%. Durch den Erlös für die Nebenprodukte sollen 8% der Kosten wieder hereinkommen.

Der Kapitaldienst wurde auf nicht weniger als 40% der Gesamtkosten veranschlagt. Die Berechnung des Kapitaldienstes ist bei den verschiedenen Verfahren ziemlich willkürlich und undurchsichtig. Je nachdem, ob die Anlage binnen 5 oder 10 Jahren abgeschrieben werden soll, ergeben sich ganz verschiedene Ziffern. Der H-Coal-Voranschlag sah eine Abschreibungszeit von 5,5 Jahren vor. Auch der Verzinsungsansatz ist oft subjektiv.

Beim Ölpreis von 1970 (20 Dollar/t) war das Produkt nicht konkurrenzfähig. Beim Ölpreis von 1980 (200 Dollar/t für arabisches Öl) könnte das zumindest in USA anders sein, obwohl auch die Gestehungskosten inzwischen gestiegen sind. In Deutschland würde die Steinkohle allein bei 3 t Gesamtbedarf für 1 t Produkt 525 DM kosten. Schweres Heizöl kostete 1980 etwa 350 DM/t. Bei Einsatz von Braunkohle wäre das Rohmaterial allerdings um 38% billiger und man käme der Wirtschaftlichkeit näher.

COED-Verfahren

Das amerikanische Schwelöl-Verfahren COED *(Char Oil Energy Development)* ist auf »billig« gestellt. Durch Verschwelung einer hochflüchtigen Steinkohle – die Verschwelung ist seit jeher ein rentables Verfahren – wird ein Pyrolyseöl erzeugt, das mit einer schwachen Hydrierung soweit aufgebessert wird, daß es als Rohöl in Raffinerien verarbeitet werden kann. Die Ausbeute ist nicht besonders groß, dafür fällt fast die Hälfte der Kohle als hochwertiger Koks ab, der in Kraftwerken verfeuert werden kann. Die Ergebnisse sind 21% Rohöl, 46–50% Koks und 17% Gas. Das Verfahren ist eine Abwandlung des Gaswerksprinzips, doch wird ein weit größerer Teil der Kohle umgewandelt als im herkömmlichen Gaswerk. Die Teergewinnung ist gering. Der bescheidene Wasserstoffbedarf von 1,5% fällt im Verfahren selbst an.

Die feingemahlene und getrocknete Kohle wird auf 315° C erwärmt. Sie geht dann durch drei weitere Schwelstufen, in denen die Temperatur ansteigend 500°, 650° und 870° C beträgt. In der zweiten Stufe wird mit einem Wirbelbett gearbeitet, das mit Hilfe der aus der dritten Stufe zurückströmenden Gase erzeugt wird. In der zweiten Stufe fällt der Großteil der Produkte an. Der verbliebene Koks geht durch die weiteren Stufen. Die Heizwärme wird durch Verbrennung eines Teils des Kokses mit Sauerstoff erzeugt. Ein anderer Teil geht als Kreislaufkoks in die zweite und dritte Stufe zurück. Der Endkoks wird in Wirbelbettkühlern abgekühlt.

Die Produkte liegen zunächst als Gase und Dämpfe vor.

Die Ölanteile kondensieren bei 76° C, die permanenten Gase dienen zum Teil als Heiz- und Kreislaufgas oder zur Wasserstofferzeugung. Ein Überschuß wird verkauft. Das gewonnene Öl wird in einem Festbettreaktor an einem Nickel-Molybdän-Katalysator bei 240 bar und 450° C mild hydriert und zugleich entschwefelt.

Die Kostenvoranschläge sind optimistisch. Die Investitionen für Schwelanlagen sind relativ gering. Eine Anlage für die jährliche Verarbeitung von 3,2 Mio t Kohle sollte 1973 nur 41 Mio Dollar kosten. Der Kapitaldienst ist entsprechend begrenzt und erreicht nur 10% der Gestehungskosten des Produkts. Auf Kohle entfallen 40%, auf den zur Verbrennung von Koks erforderlichen Sauerstoff 7%, auf den Katalysator nur 1%. Löhne erreichen nur 4%. Zum Betrieb müssen jedoch erhebliche Mengen elektrischen Stroms von außen bezogen werden, was 7% der Kosten ausmacht. Einschließlich des Kohlenäquivalents der Elektrizität und nach Abzug der verbleibenden Koksmenge (der Koks hat denselben Heiz- und Verkaufswert wie die Kohle) sind 3,2 t Kohle je t Rohöl erforderlich.

Bei einem 1973 berechneten Gestehungspreis von 40 Dollar/t Öl konnte das Produkt, wie im vorigen Fall, nicht mit dem Erdöl konkurrieren. Nach Anrechnung der Erlöse für Koks und Gas errechnete sich der Preis auf 24 Dollar. Die seitherige Entwicklung der Ölpreise könnte auch hier zur Wettbewerbsfähigkeit in Amerika führen. In Deutschland würde wegen der teuren Kohle das gewonnene Rohöl zum »natürlichen« Rohöl nach den Preisen von 1980 im Kostenverhältnis von etwa 1,8 : 1 stehen.

Zur Verbesserung der Ölversorgung kann das COED-Verfahren wegen der geringen Ausbeute nur einen beschränkten Beitrag leisten. Im Endeffekt bedeutet es Öleinsparung durch weitgehende Rückkehr zur Koksfeuerung.

Das Consol-Verfahren der amerikanischen Bergwerksgesellschaft Consolidation Coal Co. begnügt sich gleichfalls mit einer Teilhydrierung der Kohle. Hier wird eine Extraktionsstufe vorgeschaltet.

Die feingemahlene und im Wirbelbett getrocknete Kohle wird nach dem Prinzip von Pott-Broche extrahiert. Das Lösungsmittel wird im Betrieb erzeugt. Der Brei enthält Kohle und Lösungsmittel im Verhältnis 1 : 1. Die Extraktion dauert bei 380° C und nur 16 bar eine Stunde. Der Extrakt enthält 55% der Kohle. Nicht weniger als 38% der Kohle verbleiben als Rückstand mit einem Aschegehalt von 30%. Der Extrakt wird in einem komplizierten, vielstufigen Verfahren vom festen Rückstand getrennt. Der Rückstand wird verkokt und erbringt bei 580° C noch einigen Ertrag an Öl und Teer. Ein Teil des Kokses wird als Feuerungsmaterial verwendet, der Rest verkauft.

Der Extrakt wird in flüssigem Zustand hydriert. Fünf Reaktoren mit wallendem Katalysatorbett sollen hintereinander geschaltet werden. Die Hydrierung erfolgt bei 426° C und 290 bar. Bei Verwendung eines Nickel-Molybdän-Katalysators wird in 60 Minuten bei nur 3% Wasserstoffverbrauch ein schweres »Rohöl« erzeugt. Dieses wird in eine bis 260° C siedende und eine höhersiedende Fraktion zerlegt. Die schwere Fraktion geht in den Extraktionsprozeß zurück, die leichtere kann an Raffinerien verkauft oder im eigenen Betrieb weiterhydriert werden. Der Katalysator muß wöchentlich regeneriert werden. Der Rückstand des Extrakts nach der Hydrierung wird zur Wasserstofferzeugung verwendet. Die leichtere Rohöl-Fraktion wird in einem Festbettreaktor bei 400° C und 116 bar weiterhydriert. Das Produkt wird durch Hydrokracken, zum Teil auch Reformieren in Benzin umgewandelt. Zu den 3% bei der Extrakthydrierung verbrauchtem Wasserstoff kommt bei dieser Nachbehandlung noch 1% hinzu, so daß der Gesamtverbrauch an Wasserstoff 4% beträgt. Das Ausbringen beträgt in Gew. % der Kohle: Benzin 32, verwertbare Gase 10, Koks (mit 30% Asche, also minderwertig) 40%. Auch einige Prozent Chemikalien fallen ab, darunter Phenole. Der Wasserstoffbedarf wird aus den erzeugten Gasen und (zum größeren Teil) durch Teilverbrennung von Extraktresten mit Sauerstoff und Wasserdampf gedeckt.

Nach einer Kalkulation von 1973 beträgt der Anteil der Kohle an den Kosten 22%; der Kapitaldienst erfordert bei 6% Zinsen und 6% Abschreibungen 30%, der Katalysator nebst Hilfsmaterialien 8%, der Sauerstoff 4% und der elektrische Strom 3%. Löhne machen nur 4% aus. Der Kohlenbedarf beträgt 3,1 t, wovon 0,5 t als Koks (aschefrei berechnet) wiedergewonnen werden, für 1 t Benzin. Der Gestehungspreis für 1 t Consol-Benzin wurde 1973 auf 52 Dollar berechnet. Für die Wettbewerbsfähigkeit gilt das früher Gesagte. Eine Versuchsanlage wurde 1971 wieder stillgelegt.

SRC II-Verfahren

In einer Demonstrationsanlage in Amerika wird das SRC II-Verfahren der Gulf Oil Co. unter Beteiligung der Ruhrkohle AG und der Steag erprobt. Das Verfahren entstand aus einem früheren Verfahren SRC I, das die Herstellung eines festen, schwefel- und aschefreien Brennstoffs aus schwefelreicher amerikanischer Kohle bezweckte. SRC bedeutet *Solvent Refined Coal,* mit Lösungsmittel raffinierte Kohle. Hinter dem klangvollen englischen Namen verbirgt sich das Extraktionsverfahren noch Pott-Broche. Für Deutschland ist SRC I von geringem Interesse. Durchaus interessant ist aber das Verfahren SRC II, das ein flüssiges Produkt ergibt. Mit SRC II kann man auf Heizöl fahren.

Das Verfahren wird als nichtkatalytisch bezeichnet. Der Wegfall eines Katalysatorzusatzes verbilligt es merklich. Chemisch gesehen, findet allerdings Katalyse statt. Die Katalysatorfunktion übernehmen die mineralischen Bestandteile der Kohle, besonders der Pyrit (Schwefeleisen), der in der verwendeten amerikanischen Kohle reichlich vorhanden ist.

Ein Teil des Abschlamms wird nach der Hydrierung als spezifisches Lösungsmittel für die Kohle in den Prozeß zurückgeführt. Das stellt die These von IG-neu auf den Kopf und sieht wie eine Rückkehr zu IG-alt aus. Die mit Abschlammrückständen zurückgeführte Masse störte im alten IG-Verfahren, wie wir gesehen haben, durch ihren Gehalt an Asphalten, die schwer zu hydrieren waren. Die SRC II-Kreislaufmasse enthält dagegen einen großen Anteil mehrkerniger Aromaten, die als Wasserstoffüberträger dienen und die Kohle schon im Vorerhitzer weitgehend aufschließen, so daß sich, so hofft man, nicht viel Asphalte bilden. Die Aromaten werden nicht von außen zugesetzt, sondern entstehen im Verfahren selbst.

Die zerkleinerte und getrocknete Kohle wird im Anmaischbehälter mit Prozeßlösungsmittel im Verhältnis 1 : 2 angerieben. Das Lösungsmittel besteht aus dem erzeugten Öl SRC II und einer bestimmten Menge reagiertem Produktgemisch aus dem Reaktor. Bei 410° C und 150 bar wird die Paste im Vorerhitzer unter Wasserstoffzugabe vorhydriert. Thermische Zersetzung und Vorhydrierung im Erhitzer kennt das IG-Verfahren ebenfalls. Das Neue bei SRC II ist, wie erwähnt, die Beimengung von reagiertem Sumpfprodukt, das wie Tetralin und ähnliche Lösungsmittel wirkt. Im Erhitzer findet also nebenbei noch eine Pott-Broche-Extraktion statt, die bei anderen Verfahren in eine eigene Vorstufe verlegt wird. Das IG-Verfahren kennt keine Extraktion, soweit sie nicht durch das Anreibeöl selbst erfolgt.

Der SRC II-Methode werden große Vorteile zugeschrieben. In den Reaktor gelangt aus dem Erhitzer eine stärker abgebaute Kohle. Im Reaktor werden die entstandenen molekularen Fragmente hydriert; zugleich wird das im Erhitzer dehydrierte Lösungsmittel regeneriert. Es gelangt dann in den Sumpf-Abschlamm, aus dem es rezirkuliert wird. Der rückgeführte Teil der Maische durchläuft den Reaktor zweimal und wird besser durchhydriert, so daß kleinere Bruchstücke entstehen. Im ganzen wird die Hydrierzeit verlängert, ohne daß der Durchsatz durch den Reaktor verlangsamt wird. Die katalysierende Asche im Reaktor vermehrt sich durch die Rückführung.

Im Reaktor beträgt die Temperatur 455° C, der Druck 138 bar. Der niedrige Druck bedeutet eine erhebliche Verbilligung. Das Reaktorprodukt geht in einen Heißabscheider, wo in bekannter Weise die Gase von der Flüssigkeit getrennt werden. Nach Kühlung der Gase kondensieren die flüssigen Kohlenwasserstoffe aus; sie werden der Destillation zugeführt. Die Gase werden gereinigt, wobei Ammoniak und Schwefelwasserstoff als Nebenprodukte abfallen. Dann werden im Tieftemperaturverfahren einige Prozent synthetisches Erdgas und andere brennbare Gase abgetrennt. Das Restgas wird in den Prozeß zurückgeführt.

Die flüssige Phase wird in einer Entspannungsverdampfung in ein Kopf- und ein Sumpfprodukt geteilt. Das Kopfprodukt geht in die Destillation; vom Sumpfprodukt wird ein Teil als Lösungsmittel in den Anmaischbehälter zurückgebracht, während der andere Teil einer Vakuumdestillation zugeführt wird. Aus dem Destillat entsteht zusammen mit dem Destillat der Reaktorstufe das Endprodukt SRC II als Öl. Der Rückstand der Vakuumdestillation geht zur Wasserstofferzeugung in einen Vergaser.

Das SRC II-Heizöl ist aschefrei und enthält nur 0,4% Schwefel. Seine Dichte ist 1,03, sein Siedebereich 200–490° C. Das mittlere Molekulargewicht beträgt 230. Der Flammpunkt liegt bei 80° C. Die Viskosität ist gering, das Öl ist fernpumpbar. Der Heizwert des Öls ist 9600 kcal/kg, entspricht also der üblichen Norm.

Die Ausbeute an Kohleöl SRC II beträgt 37% des Kohlengewichts. Außerdem werden 8% Naphtha und 5% brennbare Überschußgase gewonnen. Der Anteil an synthetischem Erdgas kann auf Kosten anderer Produkte erhöht werden, wenn es erwünscht ist.

Der Wasserstoffverbrauch wird auf 3,5% veranschlagt. Der thermische Wirkungsgrad des Verfahrens beträgt 70%, d.h. vom Wärmewert der eingebrachten Kohle und des im Betrieb verwendeten elektrischen Stroms sind 70% in den Produkten enthalten. Das Prozeßgas dient als Brennstoff.

Ein Kohleöl-Projekt von Ruhrkohle und Steag aus dem Jahr 1975 faßte ein Heizöl ähnlicher Art ins Auge, das beim Verbraucher ohne größere Umrüstung eingesetzt werden kann. Vorgesehen ist eine billige Kurzhydrierung des Extrakts (Uhde-Pott-Broche-Verfahren) ohne Katalysator. Eine Alternative ist die spaltende Hydrierung mit Katalysator. 2 t Steinkohle ergeben auch hier 1 t schweres Heizöl.

Im amerikanischen Staat Virginia wird eine Demonstrationsanlage für SRC II errichtet, die 1985 den Betrieb mit einem Tagesdurchsatz von 6000 t Kohle aufnehmen soll. Beteiligt sind Gulf Oil mit 50%, Ruhrkohle AG und eine japanische Gruppe mit je 25%. In gleichem Verhältnis leisten die Regierungen der beteiligten Länder hohe Zuschüsse. Bei gutem Erfolg soll das Werk auf 30.000 t Tagesdurchsatz ausgebaut werden. Aus 2,7 t Kohle sollen 1 t Heizöl, 0,2 t Benzin und 0,15 t brennbare Gase erzeugt werden. Bei der verwendeten Illinois-Kohle fallen auch 0,12 t Schwefel ab. In Bottrop bei Essen ist eine Versuchsanlage mit 20 t Tagesdurchsatz im Bau.

Beim Kohlenpreis von 1980 würden die benötigten 2 t Kohle für 1 t Produkt in Deutschland 480 DM kosten. Die Produkte (schweres Heizöl, erhebliche Anteile von Benzin und Gas) würden nach den Preisen von 1980 etwa 520 DM erbringen. Die Fabrikationskosten wären damit noch nicht gedeckt. Immerhin wäre man von der Wirtschaftlichkeit weniger weit entfernt als bei den meisten anderen Verfahren.

Es gibt noch einige weitere Verfahren zur Erzeugung eines Extrakts bei 100–150 bar und 430° C, der zu Mittelöl und Benzin weiterhydriert werden soll. Es handelt sich durchwegs um Abwandlungen des alten Pott-Broche-Verfahrens mit ähnlichen Erträgen wie bei dem letzteren. Wirtschaftlich betrachtet sind die Unterschiede der verschiedenen Methoden zur Benzin- und Mittelölgewinnung aus Kohle nicht sehr groß. Eine drastische Verbilligung bringt nur die Abkehr von diesen Produkten und die Beschränkung auf schweres Heizöl.

Exxon-Donor-Verfahren

Exxon (Standard Oil) arbeitet mit zwei getrennten Hydriersystemen. Die Kohlenpaste wird ohne zugesetzten Katalysator bei 150 bar hydriert. (Der Pyrit der Illinois-Kohle wirkt allerdings auch hier katalytisch.) Die Temperatur liegt um 450° C. Das Verfahren ist vergleichsweise billig, bringt aber unter diesen Bedingungen nicht genug Ertrag. Es fällt zuviel Abschlamm ab.

Das Anreibeöl wird aus dem Destillat wiedergewonnen und in einer zweiten Hydrieranlage über festem Katalysator aufhydriert. In den Kreislauf zurückgeführt, liefert es die Hälfte des in der Kohlephase verbrauchten Wasserstoffs. Die andere Hälfte wird als Gas unter Druck zugeführt. Die Methode ist eine Kombination von Bergius und Pott-Broche.

Auf die Einsatzkohle bezogen, erreicht der Abschlamm 43%. Er wird getoppt und verkokt, wobei weiteres Öl abfällt. Zwei Drittel des Abschlamms bleiben als flüssiger Koks zurück, aus dem ein Schwachgas als Betriebsheizgas gewonnen wird. Wasserstoff erzeugt Exxon aus den Hydrierabgasen. Die Produktausbeute beträgt 50%. An Heizöl fallen nur 28% ab gegen 42% bei IG-neu. Dafür werden 22% Benzin gewonnen gegen 14% beim IG-neu-Verfahren.

An einer in Texas zu errichtenden Versuchsanlage, deren Kosten 100 Millionen Dollar betragen, will sich die Ruhrkohle AG mit 5 Millionen Dollar beteiligen. Außer mehreren amerikanischen Unternehmen ist auch eine japanische Firma beteiligt, ferner das amerikanische Energieamt.

Synthoil-Verfahren

Ohne Extraktion fährt das Synthoil-Verfahren des amerikanischen Bureau of Mines auf Heizöl. Eine Pilotanlage arbeitet schon. Die in üblicher Weise angerührte Maische wird bei 140 bar im Festbettreaktor hydriert. Die Temperatur beträgt, wie bei fast allen Verfahren, 450° C. Die Umwandlung der Kohle beträgt 98%. Man erhält 50,7% Heizöl und umfangreiche Rückstände, die der Wasserstofferzeugung dienen. Der Wasserstoffverbrauch beträgt 2,5%.

Begrenzte Hydrierung

Die Saarbergwerke AG hat im Laboratoriumsmaßstab das Verfahren der »begrenzten Hydrierung« entwickelt, das auf Mittel- und Schweröl ausgerichtet ist, aber nur die Hälfte des Öls durch Hydrierung erzeugen will. Die andere Hälfte soll durch Verschwelung der anfallenden hohen Rückstände gewonnen werden. Der Wasserstoffverbrauch wird durch die begrenzte Hydrierung auf 3% gesenkt. Die Verschwelungsphase verbraucht keinen Wasserstoff und erfordert keinen Druck. Das Schwelöl kostet nur halb soviel wie das Hydrieröl.

Die Kombination von Hydrierung und Verschwelung erinnert an das COED-Verfahren. Nur ist die Reihenfolge der beiden Schritte umgekehrt. Bei 235 bar und 465° C wird am Eisenkatalysator bis zu einer Ausbeute von 27% Öl mit einem Siedebereich von 200–390° C hydriert, außerdem fallen 5% Benzin und 9% Gase ab. Der aus dem Reaktor kommende Abschlamm macht 44,5% aus und enthält noch große Ölreserven. Er wird deshalb nicht Abschlamm, sondern Extrakt genannt. Er enthält schon stärker abgebaute Kohle und soll deshalb bei der anschließenden Verschwelung noch soviel Öl abwerfen, daß der Gesamtertrag an Öl bei diesem Verfahren mit etwa 53% praktisch derselbe ist wie bei IG-neu. Es bleiben noch 25% Koks übrig, außerdem Verkokungsgase, die in den Hydrierprozeß zurückgehen und 10% des Wasserstoffbedarfs decken. Der Schwelkoks wird der Vergasung zugeführt. Da es ein verarmter Koks ist, muß allerdings mehr Kohle zur Wasserstoffgewinnung zugesetzt werden als beim IG-neu-Rückstand.

Trockene Hydrierverfahren

Auch Verfahren zur Hydrierung trockenen Kohlenstaubs ohne Anreibeöl sind patentiert worden. Über eine industrielle Erprobung ist bisher nichts bekannt. Die Methode erfordert teure Katalysatoren, die schwer zurückzugewinnen sind.

Ein schon 1965 im amerikanischen Bureau of Mines entwickeltes Verfahren sieht vor: Die feingemahlene Kohle wird mit 15% Katalysator imprägniert und mit Koks 1 : 1 gemischt. Im Flugstaubverfahren wird das Gemisch bei 515° und nur 140 bar trocken hydriert. Das teure Zinnchlorid ist ein geeigneter Katalysator. Die Kohle wird zu 75% umgewandelt, wobei sich 43% Öl und 32% Gase ergeben. Der als Stütze zugesetzte Koks setzt sich nicht um und kann wieder verwendet werden. Der Katalysator geht größtenteils verloren. Das Produktöl läßt sich bei 100–136 bar und 420–490° C an Kobalt-Molybdän und Nickel-Wolfram weiterhydrieren. Man erhält im Endergebnis 35% gutes Benzin und Dieselöl, 35% Gas mit 85% Methangehalt, schließlich 30% Koks.

Ein deutscher Trockenhydrierversuch von 1978 mit Ruhr-Gasflammkohle erbrachte bei 400° und 230 bar mit Zinnchlorid als Katalysator ähnliche Ergebnisse. Die Kohleumwandlung erreichte 92%.

Beim amerikanischen Schroeder-Schnellverfahren wird der Kohlenstaub im Wasserstoffstrom bei 420 bar binnen einer Minute von 300° auf 1000° C erhitzt und verbleibt 20 Sekunden auf dieser Temperatur. Die Produkte müssen schnell gekühlt werden, um weitere Umsetzungen zu verhindern. Als Katalysator dient Ammoniummolybdat, das der Kohle zugesetzt wird. Die Umwandlung der Kohle beträgt 90%. Die Ausbeute ist: 48% Öl, 40% Gas (40% Methangehalt) und 5% Äthan. Das Öl erfordert Nachbearbeitung.

Plasma-Verfahren

In Amerika ist auch die Kohlehydrierung im elektrischen Lichtbogen, einem Plasma von 2000–20000° C, versucht worden. Verwendet wurde eine Kohle-Öl-Paste. Der Stromverbrauch betrug 1,1 kWh/kg Kohle. Die Ausbeuten waren gering.

Mehrfach wurde die Hydrierung in einem milderen Plasma zwischen Elektroden versucht. Pulversisierte Kohle wurde bei 200° C unter Normaldruck im elektrischen Feld unter Wasserstoffzufuhr hydriert. Auch Kohle-Öl-Pasten wurden verwendet. Es entstanden in bescheidener Ausbeute Benzin, Paraffine und Aromaten.

Ein französischer Forscher leitete Wasserstoff und Dampf durch ein kohlegefülltes Rohr zwischen Elektroden. Die Spannung betrug 9000 Volt, die Stromstärke 0,1 Ampere, der Druck nur 0,5 bar. Es entstanden Gase (Methan, Äthan, Kohlenoxyd).

Ein amerikanischer Experimentator füllte die Zwischenräume konzentrischer Elektroden mit Kohlepulver und drückte Wasserstoff durch. Im Plasma entstanden ähnliche Produkte wie bei der Kohlehydrierung im Reaktor.

Die Wirkung des Plasmas beruht wahrscheinlich auf der Bildung atomaren Wasserstoffs. Der Nachteil all dieser Verfahren ist, daß die Kohle binnen kurzer Zeit eine graphitische Struktur annimmt, womit ihre Leitfähigkeit steigt. Dadurch wird das Feld kurzgeschlossen und das Plasma verschwindet. Diese Schwierigkeit konnte bisher nicht überwunden werden.

5. Die Fischer-Tropsch-Synthese

Bei der Synthese von Kohlenwasserstoffen nach dem Verfahren von Fischer-Tropsch wird, wie schon eingangs erwähnt, nicht die Kohle als solche hydriert; vielmehr wird die Kohle zunächst vergast und das resultierende Synthesegas über Katalysatoren geleitet, die dafür sorgen, daß seine beiden Bestandteile, Kohlenoxyd und Wasserstoff, miteinander reagieren. Die Kohle wird also als Kohlenoxyd CO hydriert. Das Synthesegas ist ein modifiziertes Wassergas, das durch die Einwirkung von Wasserdampf und Sauerstoff auf glühende Kohle erzeugt wird. Das mengenmäßige Verhältnis seiner beiden Komponenten H_2 und CO läßt sich in weiten Grenzen ändern.

Das Fischer-Tropsch-Verfahren wird in Südafrika seit 30 Jahren großindustriell angewandt, wobei die deutsche Anlagebaufirma Lurgi (Frankfurt) maßgebend mitwirkt. Das Verfahren ist also technisch reif und praktisch erprobt, während die Hydrierverfahren in ihren neueren Formen noch auf dem Papier stehen. Die Firma Sasol (Suid Afrikaanse Steenkool en Olie) hat das Fischer-Tropsch-Verfahren weiterentwickelt. Das Verfahren arbeitet mit relativ geringem Druck (etwa 25 bar) und bei niedrigeren Temperaturen als die Hydrierung. Die eigentlichen Synthesekosten sind verblüffend niedrig.

Dagegen ist die Erzeugung, Reinigung und Kompression des Synthesegases recht kostspielig; sie macht mehr als drei Viertel der Produktionskosten aus. Bei der Hydrierung findet der Abbau der Kohle, in den Vorstufen eingeleitet, erst im Reaktor statt und die Wasserstofferzeugung ist hier ein gesonderter Prozeß. Bei der Fischer-Tropsch-Synthese sind beide Prozesse vereint und in den Vergaser verlegt, der die Kohle atomisiert.

Der Gesamtaufwand an Einsatz- und Betriebskohle (50%

der Kohle werden vergast, 44% dienen der Energie- und Dampferzeugung) beträgt beim Fischer-Tropsch-Verfahren je Tonne Produkt 8,3 t südafrikanische Kohle, was bei deren schlechter Qualität 4,1 t wasser- und aschefreier Kohle entspricht. Der Kohlenbedarf ist etwas höher als beim Hydrierverfahren. Bei beiden Methoden sind noch Einsparungen möglich. Welches Verfahren im Endergebnis das bessere sein wird, kann nur die Praxis lehren.

Die Verfechter der Fischer-Tropsch-Synthese können auf die Erfolge in Südafrika hinweisen, aber die dortigen Bedingungen, vor allem billige Kohle und billige Arbeit, sind in Europa nicht reproduzierbar. Nach dem Wärmeinhalt berechnet, kostet deutsche Steinkohle das Siebenfache der südafrikanischen und selbst die billige deutsche Braunkohle noch das Dreifache.

Franz Fischer (1877–1947) stammte aus Freiburg, beschäftigte sich anfangs mit Elektrochemie und machte auf diesem Gebiet einige Erfindungen, besonders im Akkumulatorenbau. Er wurde 1908 Professor in Berlin, dann 1913 Direktor des neuerrichteten Kaiser-Wilhelm-Instituts für Kohlenforschung in Mülheim/Ruhr, nachdem er sich inzwischen der Kohlenchemie zugewandt hatte. Mit seinem Mitarbeiter Hans Tropsch (1889–1935) fand er 1925 die nach beiden benannte Synthese. Tropsch stammte aus Plan bei Marienbad, wurde später Direktor des Kohlenforschungsinstituts in Prag und ging schließlich nach Amerika, wo er 1935 als Professor in Chikago starb. Fischers nächster Mitarbeiter wurde dann H. Pichler, später Professor in Karlsruhe und Herausgeber der Kohlenhydrierungsstudie des Bundesministeriums für Forschung und Technologie von 1973. Fischer litt unter den Zeitläuften. Zweimal wurde er, schon im Ruhestand, ausgebombt und verlor seinen ganzen Besitz. Seine Tochter kam mit ihrem Mann wegen oppositioneller Haltung gegen den Nationalsozialismus ins Konzentrationslager. Der Gelehrte starb 1947 an den Folgen langer Unterernährung. Einen Ruf nach Amerika hatte er vorher abgelehnt.

Die in Deutschland errichteten Anlagen zur Benzingewinnung nach Fischer-Tropsch erzeugten 1944 insgesamt 700000 t Benzin jährlich. Andere Anlagen entstanden in Japan, Frankreich, Amerika und Südafrika. Von diesen arbeitet nur noch die südafrikanische, diese allerdings in wachsendem Umfang. Die Weltproduktion an Fischer-Tropsch-Benzin betrug in ihrer Blütezeit 2,3 Mio t jährlich. Nach Beuteunterlagen aus Deutschland wurden nach dem Zweiten Weltkrieg in Amerika, England und der Sowjetunion umfangreiche Forschungsarbeiten zur Fischer-Tropsch-Synthese in Angriff genommen. Zu Fischers 71 Patenten kamen nicht weniger als 4000 neue Patente hinzu. Die Zahl der wissenschaftlichen Veröffentlichungen zur Fischer-Tropsch-Synthese erreichte in der kurzen Zeit bis 1954 die Rekordzahl von 3770.

Die Ölflut der Nachkriegszeit machte der Synthese ebenso ein Ende wie der Hydrierung. Die internationale Forschung fand jedoch den petrochemischen Aspekt des Fischer-Tropsch-Verfahrens weiter interessant. Auch heute glauben viele, daß die Zukunft des Verfahrens mehr in der Chemikalien- als der Treibstoffgewinnung liegt. Auf die Petrochemie hat es jedenfalls sehr anregend gewirkt.

Nach der Ölkrise von 1973 wurde die Fischer-Tropsch-Forschung in Deutschland von der Kohlen- und chemischen Industrie wieder aufgenommen, nachdem sie lange Zeit keine Rolle gespielt hatte. Unter den 1979 geplanten Versuchsanlagen zur Kohleveredlung befindet sich allerdings nur ein einziges Fischer-Tropsch-Werk, dieses mit vorwiegend petrochemischem Programm. (Es gehört zum Schering-Konzern.) Die industrielle und akademische Forschung zur Fischer-Tropsch-Synthese beschäftigt sich insbesondere mit neuen Katalysatoren.

Das Synthesegas wird im Druckvergaser bei 25 bar mit Wasserdampf und Sauerstoff aus Kohle erzeugt. Etwa 80% der Rohkohle werden vergast, was praktisch die ganze Reinkohle bedeutet. Der Rest entfällt auf Asche, Wasser und Verunreinigungen. Das Rohgas enthält 28–30% Kohlendioxyd. Nur 60% bestehen aus den gewünschten Komponenten Kohlenoxyd und Wasserstoff. Etwa 10% sind Methan.

Ein Teil des Kohlenoxyds wird anschließend mit Wasserdampf zur Erzeugung zusätzlichen Wasserstoffs verwendet, wobei weiteres Kohlendioxyd entsteht. Ein großer Teil des eingesetzten Kohlenstoffs geht somit schon bei der Herstellung des Synthesegases verloren, wozu noch große Verluste durch CO_2-Bildung bei der eigentlichen Synthese kommen.

Das Rohgas muß noch mehrere Reinigungsanlagen durchlaufen, in denen Kohlendioxyd, Nebenprodukte und Verunreinigungen entfernt werden, vor allem der Schwefel, der schon in kleinsten Mengen die Katalysatoren vergiftet und die Synthese stört. Organische Schwefelverbindungen werden über einem Eisenkatalysator bei 250° C zersetzt und von einer Feinreinigungsmasse gebunden. Der Schwefelgehalt wird auf 0,02 mg/m^3 herabgesetzt.

Das gereinigte und auf ein H_2/CO-Verhältnis 2 : 1 eingestellte Synthesegas wird auf etwa 25 bar komprimiert und dem Reaktor zugeleitet. Man versteht, daß bei diesen komplizierten Vorbereitungen und großen Kohlenstoffverlusten etwa 80% der Betriebs- und Anlagekosten auf die Herstellung des Synthesegases entfallen. Auf die Kohlenstoffverluste ist es auch zurückzuführen, daß der thermische Wirkungsgrad des Verfahrens bei Autobenzin nur 40% beträgt gegen 55% beim Hydrierverfahren.

Das Synthesegas tritt von oben in den Reaktor ein. Der Druck beträgt 25 bar, die Temperatur 220° C. Fischer wollte ursprünglich bei Normaldruck arbeiten und auch die Temperatur niedriger halten. Er setzte die praktische Anwendung seines Verfahrens mit dem Hinweis auf die kostensenkende Wirkung dieser Bedingungen durch.

Allerdings ging er schon 1936 zu dem gemeinsam mit Pichler entwickelten Mitteldruckverfahren über, das doch bessere Ergebnisse brachte. Es wurde mit Drücken von 7 bis 30 bar gearbeitet, immer noch nur ein Bruchteil der bei der Hydrierung angewandten.

Sasol verwendet Reaktoren vom Arge-Typ mit Festbettkatalysator. (Arge = Arbeitsgemeinschaft Lurgi-Ruhrchemie.) Ein solcher Reaktor hat eine Höhe von 17 m und einen Durchmesser von 3 m. Er enthält 2000 mit Katalysator gefüllte Rohre von 5 cm Durchmesser und 15 m Länge, durch die das Synthesegas unter 25 bar Druck streicht. Am Katalysator entstehen beim Durchgang die Syntheseprodukte. Ein Reaktor enthält 35 t Katalysator. Ein Werk mit 1 Mio t Jahresproduktion verbraucht 18000 t Katalysator. Verwendet wird ein alkalisierter Eisenkatalysator, der weit billiger ist als der ursprünglich benutzte Kobalt-Thorium-Katalysator. Die stark exotherme Reaktion erfordert intensive Kühlung mit Druckwasser.

Das Synthesegas wird, mit zirkulierendem Restgas vermischt, durch Wärmeaustausch mit heißem Reaktionsgas vorgewärmt. Überschüssiges Restgas, das 25% Methan enthält, kann als Ferngas verwendet oder an einem Nickelkatalysator zu frischem Synthesegas reformiert werden.

In der Stunde passieren 600 m³ frisches Synthesegas und 1200 m³ zirkulierendes Restgas einen Kubikmeter Katalysator. 68% des Gesamtgases werden umgesetzt, wobei leider wieder große Verluste durch CO_2-Bildung entstehen. Die entstandenen Produkte verlassen den Reaktor unten. Die

Gase werden weitergeleitet, die schwereren Produkte in einem Abscheider von den leichteren getrennt. Die mittleren Öle kondensieren im Wärmeaustauscher als Heißkondensat, die leichteren nach Kühlung als Kaltkondensat. Die Gase durchlaufen noch eine Reinigungsanlage. Ein Teil wird als Heizgas verwendet.

Die Produkte werden durch Destillation, teils mit Normaldruck, teils im Vakuum, in Benzin, Dieselöl, Heizöl und schwere Paraffine aufgetrennt. Dank hohem Olefinanteil ist das Benzin von guter Qualität. Auch die C_3- und C_4-Gase enthalten viel Olefin und können zu Benzin polymerisiert werden. Die Festparaffine mit ihrer vielfältigen Verwendbarkeit, besonders als Tensidrohstoffe, sind eine sehr erwünschte Fraktion. Als Nebenprodukt entstehen auch Alkohole.

Das Benzin wird bei 400° C als Dampf über Bauxit geleitet. Das tonähnliche Aluminiumoxyd (von ihm stammt der englische Name *claytreater* für diesen Teil der Anlage) katalysiert die Umwandlung der Olefine mit endständiger in solche mit innenständiger Doppelbindung, was die Klopffestigkeit verbessert. Der hohe Olefingehalt von 50% macht das Benzin auch als Chemierohstoff gut verwendbar. Die Paraffine und Olefine des Benzins sind zu 91% geradkettig, der Anteil verzweigter Aliphaten beträgt nur 8%. Für die Verwendung des Benzins als Treibstoff ist das ein Nachteil, bei der Verwendung als Chemierohstoff dagegen ein Vorteil.

Prozentual verteilen sich die Produkte wie folgt:

Flüssiggas 6, Benzin 33, Mittelöl 17, Schweröl 10, Mittelparaffin 12, Hartparaffin 18, Alkohole 4. Dazu kommen weitere wertvolle Nebenprodukte.

Die Kohle ist, wie schon erwähnt, in Südafrika von minderer Qualität, nur die Hälfte ist Kohlenstoff. Der hohe Aschegehalt stört bei der Vergasung wenig. Es ist ein Vorteil des Fischer-Tropsch-Verfahrens, daß jede Kohle dazu verwendet werden kann, Braunkohle übrigens ebenso wie Steinkohle. Die südafrikanische Steinkohle ist, wie gleichfalls schon erwähnt, sehr billig, die Rohkohle kostet nur ein Zehntel der deutschen. Bei Sasol macht die Kohle 29% der Produktionskosten aus.

Während einschließlich dieses Rohmaterials etwa 80% der Kosten auf das Synthesegas entfallen, erfordert die Synthese selbst nur 13%, die Raffination der Produkte 8% der Kosten. Löhne machen kaum 10% aus. Der Rohgewinn beträgt nach Firmenangaben 60% und erhöht sich durch den Verkauf der Nebenprodukte auf fast 100%. Ein Drittel geht für Steuern ab, der Rest steht für Abschreibungen und als Gewinn zur Verfügung. Er deckt einen Kapitaldienst von 11%. (Daten von 1973.)

Die befriedigende Kostenbilanz beruht neben der billigen Kohle und den billigen Arbeitskräften auf einer stillen Steuersubvention. Die Lage im Inneren des Landes bringt einen Transportkostenvorteil gegenüber dem in Südafrika ohnehin teuren Importbenzin. Die Nebenproduktverwertung ist gut organisiert; um das Synthesewerk sind chemische Industrien angesiedelt, die diese Produkte abnehmen und über einen guten Markt verfügen.

In Deutschland werden (1979) die Investitionen für ein Synthesewerk des Arge-Typs mit 2,5 Mio t Jahresproduktion (nur große Werke kommen in Frage) auf 6–6,5 Mrd. DM veranschlagt. Davon entfallen 42% auf die Vergasungs- und 25% auf die Syntheseanlagen. Das notwendige Kraftwerk beansprucht 22%, der Rest entfällt auf die Aufbereitungsanlagen.

Die Betriebskosten wurden 1979 auf 2 Mrd. DM im Jahr geschätzt. Das Synthesegas kam auf 10 Pf./m^3. Die bei den jetzigen Preisen erzielbaren Erlöse für die Produkte würden nur die Hälfte der Betriebskosten decken. Diese sind durch den Kapitaldienst belastet, der auf 44% veranschlagt wird.

Beim deutschen Steinkohlenpreis muß man damit rechnen, daß die Erzeugnisse der Fischer-Tropsch-Synthese doppelt soviel kosten werden wie die gleichen Produkte aus Erdöl, im Falle des Benzins sogar noch mehr. Auf Braunkohlenbasis käme die Synthese wesentlich billiger, die Produkte wären aber noch nicht konkurrenzfähig.

Das Flugstaubverfahren

Bei Sasol wird das Festbettverfahren mit dem in Amerika entwickelten Kellogg-Flugstaubverfahren, einer Variante der Fischer-Tropsch-Synthese, kombiniert. Das Verfahren ist auch unter dem Namen »Synthol« bekannt. Es handelt sich nicht um ein Kohlenstaubverfahren, wie es bei der Hydrierung versucht worden ist. Der Flugstaub ist feingepulverter Eisenkatalysator und wird vom Strom des Synthesegases in den Reaktor getragen. Der mitgeführte Katalysator *(entrained catalyst)* wirkt ähnlich wie in einer Wirbelschicht.

Der Flugstaub-Reaktor ist ein großes Rohr von 36 m Höhe und 2 m lichter Weite. Er wird mit 130 t Katalysator gefüllt. Die Temperatur ist mit 330° C höher als beim Festbettverfahren. Der Druck beträgt 22 bar. Das H_2/CO-Verhältnis ist mit 6 : 1 hoch. Der Katalysator wird aus Magneteisenstein im Lichtbogen unter Zusatz verschiedener Substanzen, darunter Alkali und Aluminiumoxyd, bei 1500° C hergestellt. Er wird fein gemahlen und in einer Wirbelschicht mit Wasserstoff zu einem Eisenpulver reduziert. Der resultierende Eisenkatalysator ist von großer Wirksamkeit; er hat den Gasverbrauch der Synthese um 8% gesenkt.

Das Katalysatorpulver befindet sich in einem Absetzgefäß, aus dem es, mit einem Schieber dosiert, in den vorüberstreichenden Synthesegasstrom gelangt. Dieser tritt von unten in den Reaktor ein. Während die Produkte abgeleitet werden, strömt das ausreagierte Gas mit dem Katalysatorstaub in das Absetzgefäß zurück, wo es mittels einer Zyklonanlage vom Katalysator getrennt wird. Einer der Vorteile des Flugstaubverfahrens ist es, daß es die bei der Festbettsynthese erhebliche Kohlenstoffablagerung (Boudouard-Reaktion) minimalisiert, die den Katalysator verschmutzt.

Der Hauptteil des Reaktionsgases gelangt mit den Reaktionsprodukten in einen Ölwaschturm bei 150° C (Heißkondensat) und einen Kühler bei 40° C (Kaltkondensat). Ein Teil des Gases wird als Kreislaufgas zurückgeführt. Die Produkte werden dann weiter aufgetrennt, indes der Großteil des Restgases in eine Reformieranlage gelangt. Ein Teil wird zur Erzeugung von Äthylen und Wasserstoff verwendet, der Rest als Brenngas.

Die flüssigen Produkte gehen über Bauxit wie beim Festbettverfahren, um die Doppelbindungen der Olefine zu isomerisieren. Die Olefine, die 80% der Fraktionen C_3 und C_4 ausmachen, werden zu Benzin polymerisiert.

Bei der Flugstaubsynthese ist Benzin (einschließlich des Polymerbenzins) mit 72% das Hauptprodukt. Beim Festbettverfahren sind es (kein Polymerbenzin) nur 33%. Auch der Flüssiggasanteil ist mit 8% höher als beim Festbettverfahren. Mittel- und Schweröl sind nur mit je 3% vertreten, höhere Paraffine fehlen. Dagegen werden 13% Alkohole und Ketone gewonnen gegen nur 4% beim Festbettverfahren. Olefine machen 70–80% der Produkte aus. Neben der Erhöhung des Olefinanteils wirkt auch die Zunahme der verzweigten Verbindungen auf 30% (beim Festbett 8%) im Sinne einer Verbesserung des Benzins. Zwei Drittel des Benzins sind hochklopffest. Bei einem H_2/CO-Verhältnis 3 : 1 läßt sich die Gasausbeute auf Kosten des Benzins auf 30–40% steigern.

Als wertvolle Nebenprodukte fallen Straßenteer, Teer-Heizöl, Teersäuren und Creosot ab. Die Aufarbeitung eines Teils der Produkte wird bei der kombinierten Festbett- und Flugstaubsynthese gemeinsam durchgeführt. Die Kombination macht die Produktpalette sehr flexibel.

Es gibt mindestens zwölf Varianten der Fischer-Tropsch-Synthese. Von den neueren Verfahren sind bisher nur das Flugstaub- und das Hydrocol-Verfahren technisch erprobt. Im Stadium der Pilotanlage befinden sich das amerikanische Ölumlaufverfahren und das Rheinpreußen-Koppers-Verfahren. Noch im Laboratoriumsstadium sind vier weitere Verfahren des fruchtbaren US Bureau of Mines, ferner das Lurgi-Stufenofenverfahren und einige Verfahren der BASF. Unter den amerikanischen Verfahren zielt das Hot-Gas-Recycle-Verfahren auf einen hohen Anteil an C_2–C_4-Gasen ab. Von den neuen Verfahren seien einige kurz beschrieben.

Das Ölumlaufverfahren des Bureau of Mines schließt an frühere deutsche Versuche an. Einem aufgelockerten, in der Strömung etwas beweglichen Katalysator-Festbett wird das Synthesegas gemeinsam mit Öl zugeführt. Die Hälfte des Gases ist im Öl gelöst. Das Öl dient im Umlauf auch zur Abführung der Reaktionswärme. Als Katalysator werden Eisenspäne verwendet. Der Umsatz beträgt 80% des Gases. Die prozentuale Verteilung der Produkte ist wie folgt: Benzin 63, Dieselöl 12, Schweröl 11; schwere Paraffine 14.

Das Flüssigphase-Verfahren Rheinpreußen-Koppers knüpft an ältere Versuche von Fischer und Kölbel an. Hier wird feinkörniger Eisenkatalysator mit schwerem Öl angemaischt. Das Synthesegas strömt in Form von Blasen durch die Maische. Bei 12 bar und 268° C wird ein Umsatz von 89% erzielt. Das Verhältnis CO/H_2 im Gas beträgt 1,5. Der Reaktor wird gekühlt. Die niedrigsiedenden Produkte verlassen ihn mit dem Endgas, die höhersiedenden werden aus einem äußeren Umlauf der Suspension gewonnen. Der Katalysator wird abgetrennt und zurückgeführt. Die prozentuale Verteilung der Produkte ist die folgende: Benzin 68, Dieselöl 11, Gase 18, Schweröl 3. Die Produkte enthalten 72% Olefine, was ihre Verwendung als Chemierohstoffe begünstigt.

Das Wirbelschichtverfahren »Hydrocol« von Hydrocarbon Research arbeitet mit Synthesegas, das durch Teilverbrennung von Erdgas erzeugt wird. Eine industrielle Anlage kam 1950 in Texas in Betrieb. Bei 300° und 26–31 bar wird eine Umsetzung von 95% des Gases erzielt. Das Verhältnis H_2/CO beträgt 2. Ein Reaktor benötigt 200 t Eisenkatalysator. Die prozentuale Produktverteilung ist die folgende: Benzin 41, Flüssiggas 30, andere Gase 17, Dieselöl 6, Schweröl 6. Die Produkte sind reich an Olefinen und Aromaten.

Die Investitionskosten werden für die meisten Verfahren ungefähr gleich hoch veranschlagt wie für das Arge-Verfahren (S. 76), ebenso die Betriebskosten. Bei den jetzigen Preisen (1980) decken unter deutschen Verhältnissen die erzielbaren Erlöse bei allen Verfahren nur 50–60% der Betriebskosten.

Reaktionskinetik der Fischer-Tropsch-Synthese

Die Reaktionskinetik der Synthese ist eine andere als bei der Hydrierung. Dort müssen lange Ketten oder andere Gruppierungen von Kohlenstoffatomen gespalten werden, wie sie in der festen Kohle vorliegen. Bei der Synthese liegen die Kohlenstoffatome nach der Vergasung im CO isoliert vor und müssen erst zu Ketten verschiedener Länge zusammengefügt werden, um Kohlenwasserstoffe zu ergeben. Die Hauptformel der Synthese ist

$$n\,CO + 2n\,H_2 \rightarrow (CH_2)_n + n\,H_2O$$

Daneben läuft noch eine zweite Reaktion ab:

$$2n\,CO + n\,H_2 \rightarrow (CH_2)_n + n\,CO_2$$

Die zweite Reaktion ist ungünstig, da die Hälfte des so umgesetzten Kohlenoxyds in das wertlose Kohlendioxyd CO_2 umgewandelt wird. Das vermehrt die CO_2-Verluste, die überhaupt die Schattenseite der sonst so eleganten Fischer-Tropsch-Synthese sind; zwar treten sie bei der Hydrierung gleichfalls auf, aber doch in geringerem Ausmaße (11%).

Ließe man das System bei der üblichen Reaktionstemperatur bis zum Endzustand reagieren, würden sich als Endprodukte, ähnlich wie bei der Hydrierung, die thermodynamisch stabilsten Verbindungen Wasser, Kohlendioxyd und Methan ergeben. Man fängt daher die gewünschten Produkte rechtzeitig ab, zumal sich der Endzustand nur langsam einstellt. Als Hydrierung von Kohlenoxyd ist die Reaktion stark exotherm. Je m^3 umgesetztes Synthesegas werden 600 kcal frei, ein Fünftel des Verbrennungswerts des Gases.

Die Bildung der kettenförmigen Kohlenwasserstoffe beginnt mit der Chemisorption von Kohlenoxyd, in geringerem Maße auch Wasserstoff, am Katalysator. Fischer meinte, daß sich ein Metallkarbid bilde. Diese Auffassung läßt sich heute nicht mehr halten. Die vorherrschende Meinung ist, daß sich durch die Adsorption ein lockerer, carbonylartiger Komplex MCO bildet, an den sich Wasserstoff ansetzt.

Nach der Theorie von Storch und Anderson polymerisieren die so entstandenen Primärkomplexe MCHOH unter Wasserabspaltung und Hydrierung. Die Wasserabspaltung macht eine Bindung für die C-C-Verknüpfung frei, die Hydrierung versieht die Kohlenstoffatome mit Wasserstoff. Nach der Theorie von Pichler wächst die Kette nicht durch Polymerisation, sondern durch Einschiebung einer CO-Gruppe in die Metall-Kohlenstoffbindung, gleichfalls unter Wasserabspaltung und Hydrierung.

Bei zu hohem Druck und zu niedriger Temperatur entstehen gasförmige oder flüssige Metallcarbonyle, die keine Katalysatoren für Kettenwachstum sind. Katalytische Wirkung können nur metallcarbonylartige Oberflächenverbindungen ausüben. Kohlenoxyd CO ist ein Elektronenakzeptor, d.h. Elektronen treten aus dem Katalysator in das CO über. Die synthesefördernde Wirkung kleiner Alkalizusätze zum Eisenkatalysator beruht darauf, daß an Stellen mit erhöhter Alkalikonzentration die Elektronenaustrittsarbeit verringert ist.

Bei der Kettenbildung, ob sie nun auf diese oder jene Art

erfolgt, lösen sich die neu hinzutretenden Kettenglieder vom Metall, so daß die Kette schließlich nur noch mit der Startgruppe am Metall hängt. Beim Kettenabbruch löst sich auch die Startgruppe ab; die Kette wird desorbiert. Der Kettenabbruch kann auf die Einwirkung des Katalysators zurückgehen, auf die Hydrierung einer Endgruppe oder die Einwirkung anderer Syntheseprodukte. Kaum jemals wird nur eine einzige Art Kette aufgebaut. Die Kettenlänge kann von C_2 bis C_{10000} variieren.

Die Länge der Ketten läßt sich auch über die Reaktionsbedingungen beeinflussen. Wünscht man kurzkettige Kohlenwasserstoffe, muß die Temperatur höher, der Druck niedriger sein; das Synthesegas muß mehr Wasserstoff und weniger Kohlenoxyd enthalten. Die schnelle Desorption der Produkte muß durch kurze Verweilzeiten gefördert, die Wiederadsorption, die zu weiteren Aufbaureaktionen führt, unterdrückt werden.

Die Fischer-Tropsch-Forschung in Deutschland konzentriert sich jetzt auf die Katalysatoren. Das Ziel ist erhöhte Selektivität. Könnte man eine Selektivität von 50% erzielen, so wäre die Synthese von Äthylen und Propylen aus deutscher Braunkohle in die Nähe der Wirtschaftlichkeit gerückt. Die Katalysatorforschung ist immer noch vorwiegend empirisch, doch zeigen sich schon manche allgemeine Regeln. Diese Forschung geht mit der reaktionskinetischen Forschung Hand in Hand. Vermehrte Kenntnis der Reaktionskinetik erleichtert die Katalysatorwahl, umgekehrt lassen die Selektivitätsmerkmale der Produkte bei Änderung des Katalysators und der Reaktionsbedingungen oft Rückschlüsse auf die einzelnen Reaktionsschritte zu. Ein neueres Hilfsmittel der Reaktionskinetik ist der Zusatz des radioaktiven Kohlenstoff-Isotops C^{14} zum Synthesegas. Aus dem Auftauchen der Radioaktivität in Zwischen- und Endprodukten kann man auf den Reaktionsweg schließen.

Praktisch kommt heute nur der Eisenkatalysator mit alkalischen oder metallischen Zusätzen in Betracht. Ein Zusatz von weniger als 1% Kaliumkarbonat verstärkt beispielsweise über den erleichterten Elektronenaustritt die Sorptionsfähigkeit des Katalysators für CO und vermindert die Sorption von H_2. Das beschleunigt den Kettenstart und das Kettenwachstum. Die Olefinbildung wird gefördert. Ein Nachteil ist, daß auch die Bildung von CO_2 und die Abscheidung von Kohlenstoff zunimmt. Wird noch Kieselgur oder Aluminiumoxyd zugesetzt, so werden zu lange Ketten wieder gespalten und die Produkte verschieben sich in Richtung auf kürzere Ketten.

Eine Eingrenzung der Produktpalette und eine erhöhte Ausbeute an kurzkettigen Olefinen, wie sie die Kunststoffindustrie benötigt, läßt sich durch Zusätze von Titan, Vanadium, Molybdän, Wolfram und Mangan erreichen. Ein guter Katalysator muß bei Temperaturen unter 300° C funktionieren, denn höhere Temperaturen begünstigen verlustbringende Reaktionen wie Kohlendioxydbildung und Kohlenstoffabscheidung. Die Verringerung der Verluste durch CO_2-Bildung zählt zu den Hauptaufgaben der Forschung. Katalysatoren sollen im übrigen möglichst langlebig sein, da ihr Auswechseln oder Regenerieren eine kostspielige und betriebsstörende Operation ist.

Es hat sich auch gezeigt, daß die Vorbehandlung des Katalysators wichtig ist. Die Zahl der Adsorptionsplätze erhöht sich, wenn mit H_2 oder erst mit CO, dann mit H_2 behandelt wird. Der Katalysator kommt dann in einen karbidischen und reduzierten Zustand. Beim Wirbelbettverfahren des Bureau of Mines wird der Eisenkatalysator nitridiert; das erhöht die Ausbeute an niedermolekularen Kohlenwasserstoffen und Alkoholen, senkt aber den Olefingehalt. So gibt es viele Variationen.

Die Verarbeitung der Syntheseprodukte zu Chemikalien ähnelt weitgehend den entsprechenden Schritten in der Gasphase der Hydrierung (S. 44). Die Chemiestoffe der Hydrierung und der Synthese ergänzen einander, soweit sie nicht identisch sind. Die Hydrierung liefert Aromaten, die bei der zu Aliphaten führenden Synthese fast ganz fehlen; die Synthese liefert Olefine, die bei der Hydrierung nur in geringem Umfang anfallen. Die Synthese läßt auch höhere Paraffine entstehen, die bei der Hydrierung schwach vertreten sind. Bei Vollverarbeitung zu Chemiestoffen soll die Benzinfraktion als Einsatzstoff für Äthylen verwendet werden, die Fraktion von 190–310° C als Rohstoff für Tenside, die Fraktion über 310° C teils für die vielen Zwecke, für die wachsartige Paraffine benötigt werden, teils zur Umwandlung in niedermolekulare Produkte je nach Bedarf.

Zur Zeit würden, wie schon wiederholt gesagt, die Erlöse aus Chemikalien kaum die Hälfte der Erzeugungskosten decken. Man hat berechnet, daß bei einer Ölpreissteigerung um 9% jährlich und einer Kohlenpreissteigerung um 6% jährlich die Chemikaliensynthese im Jahre 1995 konkurrenzfähig würde. Auch wenn diese Milchmädchenrechnung stimmen sollte, müßte man spätestens 1990 mit dem Bau der Fabriken beginnen. Bis dahin müßten verläßlich industriereife Verfahren vorliegen. Die Mühlen der Kohlenchemie mahlen langsam.

Methanolsynthese

Die 1923 von Pier entdeckte Synthese von Methanol ist der Fischer-Tropsch-Synthese verwandt, wird aber gewöhnlich nicht zu ihr gerechnet. Methanol (Methylalkohol CH_3OH) wurde schon in den dreißiger Jahren als Zusatz zu Motorenbenzin verwendet und kommt unter diesem Aspekt heute wieder als Mittel zur Einsparung von Erdöl in Betracht. An sich liegt sein Anwendungsgebiet in der chemischen Industrie, wo es einer der wichtigsten Grundstoffe ist.

Methanol läßt sich aus allen kohlenstoffhaltigen Materialien herstellen. Holz wird kaum noch verwendet. Erdöl ist die wichtigste Basis, auch Erdgas. Die Synthese aus Kohle verläuft über das Synthesegas $CO + H_2$ am Zinkoxydkatalysator bei 350° C und 100 bar. Sie ist zur Zeit um 25% teurer als die Gewinnung aus Erdöl. Aus 1,4 t Steinkohle oder 5,2 t Braunkohle läßt sich 1 t Methanol herstellen. Als Nebenprodukt anfallendes Methan kann als Heiz- oder Ferngas verwendet werden.

Methanol hat nur die Hälfte des Heizwerts des Benzins, erhöht aber als Zusatz zu Benzin die Motorenleistung durch Klopffestigkeit. Das gibt wieder die Möglichkeit höherer Kompression. Seine hohe Verdampfungswärme kühlt das Treibstoffgemisch und vermindert Wärmeverluste. Theoretisch sollte es die Motorenleistung bei normaler Verdichtung um 8%, bei höherer Verdichtung um 15–20% steigern. Als Nachteile befürchtet man die Notwendigkeit resistenter Metalle, Vergaserveränderungen und Vorwärmungsvorrichtungen.

Im Jahre 1978 wurden 45 Normalfahrzeuge verschiedener Marken 15 Monate lang mit einer Gesamtfahrleistung von 1,5 Mio km mit Normalbenzin unter 15% Methanolzusatz erprobt. Die Energieersparnis war kleiner als erwartet, nur 3–5%. Start und Warmbetrieb waren einwandfrei, dagegen warf die Warmlaufphase Probleme auf und es zeigten sich gelegentlich Störungen durch Dampfblasen. Die befürchtete Korrosion trat nicht auf.

Beim jetzigen Benzinverbrauch wären 3,7 Mio t Methanol im Jahr als Zusatz erforderlich. Dies würde 5,2 Mio t Steinkohle oder 19 Mio t Braunkohle erfordern. Ob dies günstiger wäre als der Einsatz dieser Kohlenmengen zur Synthese von Kohlenwasserstoffen, ist noch umstritten. Es ließen sich 3 bis 4 Mio t Erdöl jährlich einsparen. Ein Vorteil ist, daß es sich um eine altbekannte und erprobte Synthesemethode handelt. Ähnliche Mengen Erdöl ließen sich einsparen, wenn man die Gewinnung von Industriemethanol auf Kohle umstellen würde, doch steht dem der höhere Preis entgegen, wenn die Differenz auch lange nicht so groß ist wie bei Benzin.

Der amerikanische Mobil-Oil-Prozeß erzeugt Methanol nicht durch ein der Fischer-Tropsch-Synthese ähnliches Verfahren, sondern durch direkte Hydrierung von Kohle mit anschließender Umwandlung des Methanols in Benzin. Nach einem deutsch-amerikanischen Abkommen von 1980 beteiligt sich die deutsche Regierung an einem amerikanischen Versuchsprojekt mit 60 Millionen DM Kosten zu einem Drittel.

Äthanol als Treibstoff?

Einen teilweisen Ersatz für Benzin als Treibstoff könnte auch der gewöhnliche Alkohol bieten, der aus Kartoffeln erzeugbare Äthylalkohol, auch Äthanol genannt. In Brasilien muß er dem Benzin beigemengt werden, ein großer Teil der dortigen Autos läuft mit reinem Alkohol. Dort wird Alkohol allerdings aus Zuckerrohr erzeugt und ist wesentlich billiger als in Deutschland, wo der Gestehungspreis ab Brennerei DM 2,70 für den Liter beträgt. In der Tschechoslowakei mußten ab 1930 dem Benzin 20% Kartoffelsprit zugesetzt werden. Die Fahreigenschaften des Gemenges waren gut, eine Umrüstung der Motoren war nicht erforderlich. Freilich waren die dort in Betracht kommenden Mengen gering und der Alkoholpreis war gegenüber dem damaligen Benzinpreis nicht hoch.

Wollte man den in Deutschland jährlich verbrauchten 20 Mio t Benzin nach diesem Muster 20% Alkohol zusetzen, so wäre (jetzige Kartoffelanbaufläche 355 000 ha, Kartoffelertrag 300 dz/ha, Spritausbeute 10 Liter/dz) hierzu eine Ausdehnung der Kartoffelanbaufläche auf mehr als das Vierfache, d.h. auf die Größe der jetzigen Weizenanbaufläche, notwendig. Das dürfte kaum zu erreichen sein, auch wenn man berücksichtigt, daß heute einer zwecklosen Überproduktion von Getreide und Viehprodukten dienende Flächen umgestellt werden könnten.

Ein entscheidendes Hindernis ist der hohe Preis des Alkohols, der dreimal so teuer kommt wie das teuerste Kohlebenzin. Auf 4 Liter Benzin, die heute ohne Steuer etwa 2 DM kosten, käme 1 Liter Sprit, der an der Tankstelle 4 DM kosten würde. Ein Liter des gemischten Treibstoffs käme auf DM 1,20 ohne Steuer. Bei einer Beimengung von 20% Kohlebenzin käme das Gemisch höchstens auf 80 Pf. für den Liter ohne Steuer. Von einer totalen Ersetzung des Benzins durch Alkohol nach brasilianischem Muster kann bei diesen Preisverhältnissen schon gar nicht die Rede sein, abgesehen davon, daß solche Mengen Alkohol in Deutschland aus Agrarprodukten nicht erzeugt werden können. Des Interesses halber sollte aber auch diese Frage hier kurz besprochen werden.

6. Synthetisches Erdgas aus Kohle

Die Treibstoffgewinnung aus Kohle, früher das Hauptziel der Kohleveredlung, wird nicht nur von der Heizölgewinnung in den Hintergrund gedrängt, sondern auch von der Erzeugung von künstlichem Erdgas. Die Gewinnung von Heizöl und synthetischem Erdgas (SEG) aus Kohle ist billiger und der Wirtschaftlichkeit näher als die Erzeugung von Treibstoffen. Außerdem entspricht sie dem Trend zu bequem zu handhabenden, sauberen und umweltfreundlichen Brennstoffen. Heizöl wie SEG können ohne größere Umrüstung in die bestehenden Verteilungsnetze und Verbrauchsanlagen eingespeist werden. Ein Gasverteilungsnetz von 115000 km steht in Deutschland zur Verfügung.

Bei dem Wort »Kohlevergasung« denkt man herkömmlicherweise an das städtische Gaswerk. Ein solches Gaswerk arbeitet nach dem Prinzip der Hochtemperaturverschwelung. Was mit Hitze (1200–1500° C) aus der Kohle herauszuholen ist, wird herausgeholt; das übrige bleibt als Koks zurück und wird als Heizmaterial verkauft. Die Gasausbeute übersteigt kaum 25% des Wärmewerts der Kohle. Teer und andere Nebenprodukte verbessern die an sich aktive Bilanz noch weiter.

Die moderne Kohlevergasung beruht nicht auf der Verschwelung oder »trockenen Destillation«, sondern auf dem Wassergasprinzip. Sie erzeugt das uns schon bekannte Synthesegas, das zu Stadtgas, Industriegas oder synthetischem Erdgas verarbeitet werden kann. Dem zuletzt genannten Zweck scheint die Zukunft zu gehören. Erdgas besteht, wie wir schon gesehen haben, zu 90% aus Methan CH_4. Seine Erzeugung aus Kohle läuft auf eine Hydrierung des Kohlenstoffs hinaus, dessen sämtliche vier Bindungen mit Wasserstoffatomen besetzt werden; die Bruttoformel lautet:

$$C + 2\,H_2 \rightarrow CH_4$$

Während man bei der Hydrierung zur Ölgewinnung die Gasbildung meist unerwünscht findet und sie durch entsprechende Gestaltung der Reaktionsbedingungen zurückzudrängen sucht, strebt man bei der Kohlevergasung nach möglichst hoher Gasausbeute. Für die Reaktionsbedingungen gilt das Gegenteil der bei der Kohlehydrierung zu beachtenden Regeln. Die Temperatur muß hoch sein, der Druck eher niedrig. Viele Verfahren arbeiten bei Normaldruck (Atmosphärendruck). Erst bei den neuesten Vergasertypen beginnt man sich mit Drücken bis zu maximal 100 bar zu befreunden. Die Vergasung von Kohle erfolgt ohne Katalysator. Einen solchen benötigt man nur bei der Weiterverarbeitung des Rohgases durch Konvertierung oder Methanisierung, auch zur Entfernung von Verunreinigungen.

Da die Geschwindigkeit einer chemischen Reaktion mit der Temperatur ansteigt (sie verdoppelt sich mit je 10° Temperaturerhöhung), fördert hohe Temperatur die Gasbildung durch Reaktion des Kohlenstoffs mit Wasserdampf. Bei allzuhoher Temperatur jedoch wird keine Beschleunigung mehr erzielt, weil das Vergasungsmittel schon an der Oberfläche der Kohle reagiert und keine Zeit findet, in den Porenraum der Kohlenteilchen einzudringen. Die Reaktionsfläche wird also vermindert. Die Kinetik der Vergasung wird auch von dem an jedem Kohlenteilchen adsorbierten Grenzfilm aus Wasser und Reaktionsprodukten beeinflußt, den das Vergasungsmittel durchdringen muß.

Der thermische Wirkungsgrad der Kohlevergasung beträgt etwa 70%, d.h. 70% des Wärmewerts der eingesetzten Kohle finden sich in den brauchbaren Produktgasen wieder. Allerdings muß eine Kohlenmenge von etwa 30% der Einsatzkohle zusätzlich für die Nebenprozesse wie Dampferzeugung und Sauerstoffgewinnung aufgewendet werden, so daß der Gesamtwirkungsgrad nur rund 54% beträgt. Man muß also fast 2 t Steinkohle aufwenden, um in Gasform den Wärmewert von 1 t Steinkohle zu erhalten. Die Verhältnisse sind ähnlich wie bei der Erzeugung von schwerem Heizöl.

Der Lurgi-Druckvergaser

Ein in der ganzen Welt verbreiteter Vergasertyp ist der Lurgi-Druckvergaser. Dieser Schachtofen arbeitet gewöhnlich bei 25 bar und Temperaturen von 1200–1500° C für Stein-, 800–1000° C für Braunkohle. Er benötigt schwach- oder nichtbackende Kohle. Von oben wird kleinstückige oder körnige Kohle eingefüllt und bei ruhender Schüttung im Innern des Schachtes durch eine Flügelschraube gleichmäßig verteilt. Von unten strömen die Vergasungsmittel Wasserdampf und Sauerstoff ein und durchwandern die Kohle nach oben. Es bilden sich vier Zonen heraus. Die oberste ist die Trocknungszone, die nächste die Verkokungszone, die schon Gas liefert; der hier entstehende Koks wird in der dritten Zone zur Gänze vergast, während in der vierten, untersten Zone der Restkoks mit Hilfe von Sauerstoff verbrannt wird, um die Wärme für den Prozeß zu liefern.

Sauerstoff muß statt Luft verwendet werden, weil sonst Stickstoff in das Produktgas kommt. Der Brennkoks ruht auf einem Drehrost. Die entstehende Asche wird periodisch unten durch eine Schleuse abgeführt.

Das gebildete Rohgas wird oben abgeleitet, zur Beseitigung von CO_2, H_2S usw. gewaschen und der weiteren Verarbeitung zugeführt. Der Verfahrensdampf wird aus der Prozeßwärme in einem Manteldampfkessel des Generators erzeugt. Überhitzung wird durch Druckwasserkühlung vermieden.

Der Gedanke der Druckvergasung wurde in den zwanziger Jahren von dem Berliner Professor Drawe entwickelt und von Lurgi aufgenommen. Volumvermehrende Reaktionen wie die Gasbildung werden zwar durch erhöhten Druck erschwert, aber dieser erleichtert das Herankommen des Wasserdampfs an die äußere und innere Oberfläche der Kohlenteilchen, wodurch die Reaktion gefördert wird. Bei richtiger Wahl des Drucks überwiegt die fördernde Wirkung. Die Kohle bedarf, von der Herstellung einer geeigneten Korngröße abgesehen, keiner Vorbereitung. Ihr Wasser geht in der Trocknungszone ab, die Asche am unteren Ende des Vergasers. Verunreinigungen werden bei der Gaswäsche und Weiterverarbeitung entfernt. Die neueren Vergasermodelle sind darauf angelegt, mit Förderkohle zu arbeiten, wie sie aus der Zeche kommt. Die kostspieligen Aufbereitungsarbeiten der Hydrierwerke entfallen.

Das Rohgas ist freilich von geringem Heizwert (etwa 1250 kcal/m³). Es enthält 30% Kohlendioxyd. Wir haben schon gesehen, daß dies ein grundsätzlicher Mangel der Synthesegaserzeugung ist. Immerhin enthält Steinkohlen-Rohgas insgesamt 68% brennbare Gase, davon 19% CO, 40% H_2 und 10% CH_4. Außerdem sind kleine Mengen Stickstoff, Wasserdampf und Schwefelwasserstoff vorhanden. Um synthetisches Erdgas, d.h. Methan zu erzeugen, muß das gereinigte, von CO_2 befreite Gasgemisch methanisiert werden. Bei 200–250° C verbinden sich CO und H_2 an einem geeigneten Katalysator (Nickel, Wolfram, Molybdän, Eisen, Kobalt) nach der Formel

$$CO + 3\,H_2 \rightarrow CH_4 + H_2O$$

zu Methan. Da im Rohgas das molekulare Verhältnis CO/H_2 nur etwa 1 : 2 beträgt, zur Methanisierung aber ein Verhältnis 1 : 3 erforderlich ist, muß ein Teil des Kohlenoxyds mit Wasserdampf am Katalysator nach der Formel

$$CO + H_2O \rightarrow CO_2 + H_2$$

konvertiert werden, um den fehlenden Wasserstoff zu erzeugen. Dabei geht dieses Kohlenoxyd als CO_2 verloren.

Das Ergebnis ist ein hochwertiges, fast ganz aus Methan bestehendes künstliches Erdgas mit einem Heizwert von 8500 kcal/m³. (Heizwert des Stadtgases 5000, des Wassergases 2500 kcal/m³.)

Man könnte fragen, ob nicht auch das Kohlendioxyd CO_2 zu Methan hydriert werden könnte. Das ist in der Tat bei 400° C möglich nach der Formel:

$$CO_2 + 4\,H_2 \rightarrow CH_4 + 2\,H_2O$$

Die Erzeugung des zusätzlichen H_2 und der hohen Temperatur würde aber mehr Kohle bzw. Kohlenstoff verbrauchen, als in Form von Methan gewonnen werden könnte. Die Methanisierung von CO ist vorteilhafter.

Das einfachste Verfahren zur Methangewinnung wäre natürlich die direkte Hydrierung von Kohle mit Wasserstoff. Sie ist nach der Formel $C + 2\,H_2 \rightarrow CH_4$ bei 850° C und 40–100 bar ohne Katalysator durchführbar. Ein deutscher Verfahrensvorschlag sieht schnelle Aufheizung der Kohle auf 550° C vor, dann weitere Erhitzung bis 1000° C. Die Methanbildung ist hier mit der Pyrolyse verknüpft. Ab 650° C liegt ein mit H_2 reagierender Koks vor. Die Ausbeute soll gut sein.

Wasserstoff ist aber ein teures Vergasungsmittel und die Reaktion ist langsam. Man kann nicht mehr als die Hälfte der Kohle in einer vernünftigen Zeit in Methan umwandeln. Die andere Hälfte muß mit Wasserdampf und Sauerstoff zu Synthesegas vergast werden, aus dem der Wasserstoff für die Direkthydrierung der ersten Hälfte gewonnen wird. Der Umweg über das Synthesegas ist unvermeidlich. Es ist günstiger, ihn von vornherein zu wählen und das Produktgas zu methanisieren. Die Kohlenstoffbilanz aller Verfahren zeigt, daß mindestens dieselbe Kohlenstoffmenge, die im Methan erscheint, als Kohlendioxyd verlorengeht, oft noch viel mehr. Ein großer Teil wird durch den Brennwert des Wasserstoffs ersetzt.

Vergasungsanlage »Ruhr 100«

Ein modifizierter Lurgi-Vergaser wurde 1979 unter dem Namen »Ruhr 100« in Dorsten in Betrieb genommen. Das hier erzeugte Gas wird bereits in das Leitungsnetz eingespeist. Die Versuchsanlage verarbeitet 28000 t Steinkohle jährlich. Sie dient der Erarbeitung der günstigsten Bedingungen für eine industrielle Gasproduktion. Die Anlage hat 60 Millionen DM gekostet. Sie wurde von den Firmen Ruhrgas, Ruhrkohle und Steag unter Mitwirkung von Lurgi errichtet. Der Gesamtaufwand für die Entwicklungsarbeiten wird auf 150 Millionen DM veranschlagt, wovon das Bundesforschungsministerium 75% übernimmt.

»Ruhr 100« verwendet stückige Rohförderkohle (Gasflammkohle und minderwertige Ballastkohle). Das erzeugte Gas läßt sich zu Synthesegas, Stadtgas oder SEG weiterverarbeiten. Neu ist an der Anlage, daß sie Drücke bis zu 100 bar versucht. Das Rohgas aus der Vergasungs- und Verschwelungszone geht durch einen Spalter und Konvertierungsreaktoren. Das entstehende Gemisch von CO und H_2 wird auf den Verwendungszweck eingestellt. Bei Verwendung als SEG folgt eine Methanisierungsstufe.

Andere Vergasungsverfahren

Es gibt mehr als 30 Vergasungsverfahren, von denen aber nur wenige großtechnisch erprobt sind, darunter Lurgi, Winkler (Wirbelbett, Normaldruck), Koppers-Bubiag-Didier (stückige Braunkohle, außenbeheizte Kammern, Normaldruck) und Wintershall (Staubkohle, Normaldruck), außerdem das klassische Wassergasverfahren mit Koks und Wasserdampf bei Normaldruck. Mit dem Einsetzen der Öl- und Erdgasschwemme ließ das Interesse an neuen Vergasungsmethoden nach; erst mit dem Wiedererscheinen der Kohleveredlung auf der Szene beginnt man sich erneut damit zu beschäftigen. Die neuen Verfahren sind aber sämtlich noch im Entwurfs- oder Versuchsstadium.

Bei Normaldruck arbeitet auch das Koppers-Totzek-Verfahren, das alle Kohlearten vergasen kann. Staubkohle wird mit Wasserdampf und Sauerstoff in den horizontalen Vergaser eingeblasen und bei 1500° C (Steinkohle) bzw. 1200° C (Braunkohle) unter Verwirbelung vergast. Die Abwärme des heißen Gases wird zur Dampferzeugung verwendet. Die hohe Temperatur erhöht den CO-Gehalt, senkt den CO_2-, aber auch den H_2-Gehalt. Methan bildet sich bei hoher Temperatur und niedrigem Druck nur in geringer Menge. Das Rohgas enthält 55% CO und nur 12% CO_2, der Wasserstoffgehalt beträgt etwa 30%. Eine Variante des Verfahrens mit höherem Druck ist in Entwicklung.

In Völklingen/Saar kam 1979 eine Demonstrationsanlage für den Saarberg-Otto-Prozeß in Betrieb. Mit diesem Verfahren der Staubvergasung bei Temperaturen über 1200° C und höherem Druck lassen sich alle Kohlenarten restlos in CO und H_2 umwandeln. Es kann Gas für Heizung, Synthese, Erzreduktion und andere Zwecke erzeugt werden.

Staubvergaser für alle Kohlenarten sind auch in Amerika in Erprobung. Texaco suspendiert die Staubkohle in Wasser und heizt das Gemisch auf, so daß im Reaktor ein Gemenge von Wasserdampf und Kohlenstaub vorliegt. Die Vergasung erfolgt unter Zufuhr von Sauerstoff. Der Druck beträgt 20 bar. Das Rohgas enthält 47% CO und 39% H_2, nur 12% CO_2 und fast kein Methan. Die Schlacke wird flüssig abgezogen.

Vergaser mit Flüssigschlacke sind auch in Deutschland entwickelt worden. Es gibt ein Lurgi-Verfahren mit Flüssigschlacke-Abzug. Das Rummel-Schlackenbad führt die feingemahlene Kohle in ein unten im Reaktor rotierendes Schlackenbad von 1600–1800° C ein, ebenso Wasserdampf und Sauerstoff bei Normaldruck. Das Gas geht oben ab, mitgeführter Flugstaub wird zurückgeführt. Die hohe Temperatur der Flüssigschlackeverfahren drängt auch hier die CO_2- und Methanbildung zurück. Das Lurgi-Flüssigschlacke-Verfahren liefert bei 20 bar ein Gas mit 28% CO und 60% H_2, das Rummel-Verfahren mit Steinkohle je 42% CO und H_2, mit Braunkohle 52% CO und 32% H_2 bei Normaldruck.

Das BM-Verfahren (Bureau of Mines) mischt Staubkohle mit Dampf und Sauerstoff. Die Vergasung erfolgt in einem zylindrischen, wassergekühlten Reaktor im Abwärtsstrom.

Gasaustritt und Schlackenabfluß erfolgen unten. Eine Versuchsanlage arbeitet in Morgantown.

Nach dem Verfahren des amerikanischen Institute of Gas Technology (IGT) wird feingemahlene Steinkohle mit Luft im Wirbelbett bei Normaldruck und 400° C erhitzt. Sodann wird die Hälfte dieser im Zersetzungsstadium befindlichen Kohle bei 75 bar mit Synthesegas als Vergasungsmittel behandelt, wobei die Temperatur schrittweise von 480° auf 700° C, dann auf 920° C erhöht wird. In dieser Phase wird auch Dampf eingeblasen, um weiteres Wassergas zu erzeugen. Das Rohgas wird in einer Wäsche von CO_2 und H_2S befreit. Es folgt eine Methanisierungsstufe; das restliche CO reagiert dabei mit überschüssigem Wasserstoff. Der aus dem Reaktor kommende Schwelkoks, etwa die Hälfte der Kohle, dient zur Erzeugung des Synthesegases in einem Texaco-Vergaser bei 1325° C und 90 bar. Der thermische Wirkungsgrad beträgt 70%.

Die Hygas-Variante des Verfahrens arbeitet mit drei übereinanderliegenden Reaktionsräumen. Aus Flugstaub in einer Wirbelschicht erzeugtes Synthesegas dient zur Vergasung eines in Öl angerührten Kohlenschlamms. Es verbleibt ein Restkoks, der im dritten Raum mit Wasserdampf und Sauerstoff vergast wird. Das Gasgemisch wird bei 70 bar und 250° C methanisiert.

Eine andere IGT-Methode zur Erzeugung des Synthesegases besteht darin, den Schwelkoks mit Dampf bei 80 bar und 1025° C elektrisch zu erhitzen. Das bewegte Bett enthält Elektroden mit einer Spannung von 400 Volt. Die Kohlenmasse leitet den Strom und erhitzt sich durch ihre Widerstandswärme. Sauerstoff ist hier nicht notwendig.

Eine interessante Methode zur hydrierenden Vergasung mit einem Gemisch von CO und H_2 ist das Consol-CO_2-Akzeptor-Verfahren. Die Kohle wird bei 850° C und 50 bar im oberen Teil des Vergasers mit Wassergas vergast. Das Wasergas wird gleichzeitig im unteren Teil des Vergasers bei 950° C durch Behandlung des resultierenden Schwelkoks mit Wasserdampf erzeugt. Das wirbelnde Kohlenbett enthält gebrannten Kalk CaO, der das erzeugte CO_2 absorbiert. Das entfernt das Kohlendioxyd aus dem Gleichgewicht

$$CO + H_2O \rightleftarrows CO_2 + H_2$$

und erhöht dadurch die Wasserstoffproduktion, während die erhebliche Absorptionswärme die endotherme Wassergasreaktion fördert. Der Kalk wird durch Glühen regeneriert und wiederverwendet. Der thermische Wirkungsgrad soll 80% erreichen. Das Rohgas wird methanisiert.

Nach dem Stand von 1980 ist das Preisverhältnis von SEG zu Naturgas in Deutschland bei Verwendung von Braunkohle auf etwa 1,5 : 1, von Steinkohle auf etwa 2,3 : 1 zu schätzen.

Das deutsche Versuchsprogramm von 1980 sieht 9 Vergaseranlagen mit einem Aufwand von 500 Millionen DM vor, wozu die Bundesregierung drei Viertel beitragen wird. Demonstrationsanlagen für die Verarbeitung von 3 Mio t Steinkohle oder 5 Mio t Braunkohle jährlich sollen folgen.

Vergasung mit Kernenergie

Die notwendige Wärme wird bei der Kohlevergasung meist aus der Kohle selbst erzeugt (autotherme Vergasung). Sie kann auch von außen zugeführt werden (allotherme Vergasung), etwa beim elektrischen IGT-Verfahren. Voraussetzung ist, daß die allotherme Energie billiger ist als die autotherme. Man denkt hierbei vor allem an die Kernenergie, unter der optimistischen Annahme, daß diese billiger ist als Kohlenenergie.

Die Kernenergie soll Helium auf 950° C erhitzen; ein von heißem Helium durchströmter Heizkörper soll in den Vergaser eintauchen (Tauchsiederprinzip) und die Wärme für die Vergasung liefern. Solche Versuche werden vom Bund gefördert. Als Kernenergiequelle kommt der Hochtemperatur-Thorium-Kugelhaufenreaktor in Betracht, der sich allerdings noch im Entwicklungsstadium befindet. Die westdeutsche Braunkohlenindustrie arbeitet seit 1975 am Projekt PNP (Prototypanlage Nukleare Prozeßwärme). Eine Pilotanlage ist in Vorbereitung.

Mit Hilfe der Kernwärme soll die Kohle im Wirbelbett mit Wasserdampf vergast werden. Das entstehende Gemisch von CO und H_2 soll zu SEG methanisiert werden. Die Reaktorwärme erzeugt Dampf, es bleibt noch etwas zur Stromerzeugung übrig. H_2 aus dem Gasgemisch kann auch Kohle direkt zu Methan hydrieren. In einer hydrierenden Vorstufe kann Kohle vorentgast werden; der verbleibende Koks kann in der Wasserdampf-Vergasungsanlage restlos vergast werden. Die Gasgemische werden methanisiert. Es sind verschiedene Kombinationen möglich.

Die Probleme der Wärmeübertragung sind noch nicht sämtlich gelöst. Besondere Werkstoffe und Schutzschichten sollen die Verunreinigung der Produkte mit radioaktiven Stoffen verhindern. Diese Gefahr gilt als gering.

Die Verwendung von Kernwärme soll den Kohleneinsatz um 25% vermindern, bei der Wasserdampfvergasung von Steinkohle sogar um 50%. In Form von SEG werden 65% der eingesetzten Kohlen- und Kernenergie gewonnen, außerdem 2% als Strom. Diese Bilanz wird für die kombinierte Anwendung der hydrierenden und der Wasserdampfvergasung errechnet. Die Anlage kann Stein- wie Braunkohle vergasen, auch beide nebeneinander. Es wird allerdings eingewandt, daß bei 950° C nur Braunkohle vergast werden kann, Steinkohle jedoch erst oberhalb 1100° C. Ein Kernreaktor, der diese Temperatur liefern kann, muß erst noch entwickelt werden.

Die nukleare Vergasung soll das Preisverhältnis SEG: Naturgas gegenüber der autothermen Vergasung für Braunkohle auf 1,3 : 1, für Steinkohle auf 2 : 1 verbessern. Freilich sind auch nukleare Brennstoffe teurer geworden.

Die Befürworter der nuklearen Vergasung präsentieren die in der Energiediskussion üblich gewordene Milchmädchenrechnung. Wenn bis zum Jahre 2000 der Preis für natürliches Erdgas um 50%, für Heizöl um 60% steigt, wird nukleares SEG aus Braunkohle bereits billiger, aus Steinkohle nur wenig teurer sein als Naturgas. Wenn sich bis 2020 der Erdgaspreis gegen den jetzigen Stand verdreifacht, ebenso der Heizölpreis, während die Kohlenpreissteigerung das SEG aus Braunkohle nur um 30%, aus Steinkohle um 50% verteuert, dann wird SEG aus deutscher Braunkohle um 35% , aus deutscher Steinkohle um 10% billiger sein als Naturgas oder Heizöl. Wenn ...

Der Investitionsbedarf wird (1980) auf 1 Mrd. DM für eine Jahreskapazität von 1 Mrd. m^3 SEG veranschlagt. Eine solche Menge entspricht 1,5 Mio t SKE.

Der Anteil des Erdgases an der deutschen Energieversorgung beträgt zur Zeit 15% und ist im Wachsen. Das Marktpotential wird für das Jahr 2000 auf 25 Mio t SKE jährlich geschätzt, für 2025 sogar auf 105 Mio t. Dieser Schätzung liegen die bekannten Vorstellungen über ewiges Wirtschaftswachstum zugrunde, auf die wir im nächsten Abschnitt dieses Buches zurückkommen. Noch nicht klar ist, woher die 150–200 Mio t Kohle kommen sollen, die für diese SEG-Erzeugung notwendig sein werden.

Wenn man realistisch bleiben will, wird man besser zunächst nur eine SEG-Menge ins Auge fassen, die im Rahmen des gegebenen Verbrauchs der wachsenden Abhängigkeit von Erdgasimporten ein Ende macht und noch einen Teil des Öldefizits decken hilft, und wie beim synthetischen Öl einem Kostenverhältnis von mindestens 1,5 : 1 gegenüber Naturgas ins Auge blicken. Auch in Amerika mit seiner billigen Kohle kann SEG noch nicht mit dem Naturgas konkurrieren. Das Steigen des Erdgaspreises scheint dort die SEG-Produktion allerdings der Wettbewerbsfähigkeit näherzubringen. Auch in Deutschland verkleinert das Anziehen des Erdgaspreises die Schere zwischen SEG-Kosten und Naturgas, aber nach echter Wettbewerbsfähigkeit sieht es angesichts der deutschen Kohlenpreise nicht aus, nicht einmal bei der verhältnismäßig billigen deutschen Braunkohle. Sollte der Erdgaspreis allerdings in astronomische Höhen klettern wie der Ölpreis, würde sich die Situation ändern.

Untertagevergasung von Kohle

Die Untertagevergasung von Kohle wird viel diskutiert; die Meinungen darüber sind geteilt. In Amerika und der Sowjetunion laufen größere Versuche; die Ergebnisse sind mäßig, werden aber als ermutigend bezeichnet. Die Untertagevergasung, die schon im 19. Jahrhundert, u. a. von Siemens, vorgeschlagen wurde, spart das Bergwerk, sie kann in große Tiefen vorstoßen und kleine bergmännisch nicht in wirtschaftlicher Weise erfaßbare Flöze ausnützen, namentlich solche, die in stillgelegten Zechen übriggeblieben sind. Da mit den heutigen Methoden nur größere Flöze abgebaut werden können, die überdies mehr oder minder horizontal liegen müssen, und da ein großer Teil der Kohle in dünnen, kleinen, fragmentierten oder steilen Flözen vorliegt, bleibt ein hoher Prozentsatz der Kohle – oft 75% – in der Erde. Man hofft, an diese Reste und ungünstigen Strukturen durch Untertagevergasung heranzukommen. Riesige Reserven würden sich dadurch eröffnen.

Die Untertagevergasung erfordert die Kenntnis des Flözverlaufs. Ein Bohrloch wird in das Flöz abgeteuft; das macht heute keine Schwierigkeiten. Die tiefste Erdgasbohrung in Deutschland, 1979 im Allgäu fündig geworden, erreicht eine Tiefe von 6500 m. Ein zweites Bohrloch wird 20–50 m vom ersten in das Flöz abgesenkt. Die beiden Bohrlöcher werden durch einen horizontalen Kanal miteinander verbunden. Dann wird die Kohle ferngezündet und das Vergasungsmittel (Wasserdampf, Luft, Sauerstoff) durch das erste Bohrloch eingepreßt. Im horizontalen Kanal bilden sich wie im technischen Vergaser vier Zonen: eine Verbrennungszone, vor ihr die Vergasungszone, vor dieser die Verkokungszone und noch vor dieser die Trocknungs- und Schwelzone. Das gebildete Gas streicht durch den Kanal zum zweiten Bohrloch und wird dort emporgetrieben. Das austretende heiße Gas wird unter Nutzung der Abwärme weiterverarbeitet.

Das Gas ist ein Schwachgas, dessen Heizwert bei einem Versuch 1460 kcal/m³, bei einem anderen 900–1300 kcal/m³ betrug. Der Heizwert des Rohgases der meisten technischen Vergaser beträgt etwa 1250 kcal/m³. Das Untertagegas enthält nach dem Bericht über einen Versuch in USA 20% H_2, 10% CO, 4% CH_4, 16% CO_2 und 50% Stickstoff. Zur praktischen Verwendung wird wohl der Stickstoff abgetrennt werden müssen, wie das auch bei stickstoffreichen Erdgasquellen geschieht. Das Gas wird dadurch nicht billiger. Der thermische Wirkungsgrad der Untertagevergasung wird auf 65% veranschlagt. Ein Bohrloch von 1000 m Tiefe würde 1 Million DM kosten.

Die Reaktionszone wandert täglich um 70 cm bis 1 m durch das Flöz. Man hofft je Bohrloch 4000 t Kohle vergasen zu können. Das soll einen Monat erfordern. Wenn ein Bereich ausgegast ist, wandern die Bohrlöcher weiter. Unklar ist, wie die entstandenen Hohlräume aufgefüllt werden sollen, wenn man katastrophale Bodeneinbrüche vermeiden will. Große Schwierigkeiten dürfte auch die Herstellung der horizontalen (bei Steilflözen vertikalen) Verbindungskanäle bereiten. Sie können gebohrt, gebrannt oder eingesprengt werden. Diesem Problem wollen manche durch ein Ein-Bohrloch-System ausweichen. Dieses dient abwechselnd zum Einblasen des Vergasungsmittels und zum Herauslassen des gebildeten Gases; ein Schieber sorgt für die Umschaltung. Über die Langzeitwirkung der heißen Zonen in der Erde auf die Umwelt ist bisher nichts bekannt.

7. Die Entstehung der Kohlenkrise

Im Sommer 1972 besichtigte eine Gruppe deutscher Studenten im Rahmen einer Exkursion ein norddeutsches Kohlenbergwerk. Der Bergingenieur, der die Studenten herumführte, teilte ihnen mit: »In zehn Jahren wird der ganze deutsche Kohlenbergbau wegen Unwirtschaftlichkeit geschlossen werden.« Weder der Ingenieur noch die Studenten schienen etwas daran zu finden.

Schlagwort »Unwirtschaftlichkeit«

Man stelle sich vor, daß früher jemand gesagt hätte, man solle den deutschen Kohlenbergbau, seit anderthalb Jahrhunderten die Grundlage der deutschen Wirtschaft und des Landes einzige Energiequelle, einfach schließen, weil er »unwirtschaftlich« sei! Ein Sturm der Entrüstung wäre die Antwort gewesen. Die Gleichgültigkeit, mit der jetzt junge Deutsche diese Ankündigung hinnahmen, zeigt nicht nur eine Abstumpfung des Gefühls für nationale Belange, sondern auch ganz allgemein einen erschreckenden Mangel an politischem und wirtschaftlichem Denken. Weite Kreise scheinen die Bedeutung der Bodenschätze für die Existenz eines Landes nicht mehr zu verstehen. Sie glauben, daß privatwirtschaftliche Berechnungen über Gewinn und Verlust der einzige Maßstab für die Beurteilung solcher Fragen seien. Verwöhnt von der Periode des billigen Orientöls, glauben sie, es sei gleichgültig, ob man die Energie aus einheimischen oder ausländischen Quellen bezieht. Die Entwicklung seit der Ölkrise von 1973 sollte doch manchen die Augen geöffnet haben. Nicht nur wirtschaftlich – die ganze Welt spürt es – kann die Abhängigkeit von ausländischer Energie schwerwiegende Folgen haben, sondern auch politisch. Der Druck der Ölscheiche in der Orientpolitik ist ein Vorgeschmack davon.

Wirtschaftlichkeit und Unwirtschaftlichkeit sind relative Begriffe. Die deutsche Steinkohle war aus Lagerstättengründen immer teurer als etwa die amerikanische, aber niemand hätte deshalb je die Einstellung des Kohlenbergbaus verlangt, und der Schaden, der daraus der deutschen Wirtschaft entstanden wäre, hätte auf die Dauer ein Vielfaches der Summen bedeutet, die man durch die Einfuhr billiger ausländischer Kohle hätte ersparen können. Die deutsche Kohle hat immer des Schutzes bedurft, des Schutzes durch Zölle und Kartelle, sonst wäre sie längst an ihrer »Unwirtschaftlichkeit« gegenüber ausländischer Kohle zugrundegegangen. Aber durch diese geschützte Kohle ist die deutsche Wirtschaft groß geworden.

Die Rolle der Montanunion

Nach dem Zweiten Weltkrieg hätte auch das Ausland sich entsetzt, wenn man den deutschen Kohlenbergbau hätte einstellen wollen. Der Morgenthau-Plan, der das vorgesehen hatte, wurde schnell aufgegeben. Die internationale Ruhrkontrolle trieb die Deutschen an, mehr Kohle zu fördern, nicht nur für sich, sondern für Europa, und auch die Montanunion, die dank Adenauers geschickter Politik bald an die Stelle der Ruhrkontrolle trat, verlangte noch 1954 eine Erhöhung der deutschen Steinkohlenförderung von 150 auf 200 Mio t jährlich. Die Montanunion hatte geringere Befugnisse als die Ruhrkontrolle und übte ihre Funktionen in milderer Form aus. Vor allem fiel die Beschränkung der deutschen Stahlproduktion auf 11 Mio t im Jahr, die eine Katastrophe für Deutschland und die Welt bedeutet hätte. Die Stahlerzeugung konnte in Deutschland bis auf 46 Mio t steigen. Schlechter erging es der Kohle.

Die Montanunion begann gleichzeitig mit ihrem Ruf nach

höherer Kohlenproduktion den deutschen Kohlenpreis zu untergraben, der die wirtschaftliche Voraussetzung für die Erfüllung ihres Wunsches war. Europa hieß Frankreich, und Frankreich wollte billige deutsche Kohle. Gewiß war es die Ölflut, die dem deutschen Kohlenbergbau fast den Todesstoß versetzte, aber schon viel früher hat die Montanunion die Krise der deutschen Kohle eingeleitet. Bereits 1952 wurden Höchstpreise für die Kohle der einzelnen Regionen festgesetzt, wobei die Ruhr nicht gut wegkam. Im März 1954 gab die Montanunion die Preise frei, aber nicht für die Ruhr. Einen Monat darauf verfügte die Montanunion eine Preissenkung für deutsche Kohle, obwohl die deutschen Kohlenpreise schon die niedrigsten der Union waren. Das nordfranzösische Revier behielt Maximalpreise. Deutsche Kohlensubventionen mußten aufgehoben werden, französische wurden beibehalten.

Kurz darauf forderte die Montanunion Deutschland, Frankreich und Belgien auf, ihre Kohlenverkaufsmethoden dem Kartellverbot der Union anzupassen. Deutschland mußte die nach der »Entflechtung« noch verbliebene Kohlenverkaufsorganisation weiter auflockern. Frankreich wurde praktisch nicht betroffen, da der verstaatlichte französische Kohlenbergbau ein Verkaufsmonopol hatte. In Belgien geschah praktisch nichts.

Mit dieser Preispolitik begann inmitten einer aufblühenden Wirtschaft, des »deutschen Wirtschaftswunders«, das große deutsche Zechensterben. Ein Rückgang des Kohlenabsatzes um 13% leitete 1957 die Massenschließung der Gruben ein. Weit entfernt davon, Hilfe zu geben, rügte die Hohe Behörde der Montanunion immer noch die zu einheitliche Verkaufspolitik der Ruhrkohlenindustrie, mit der diese versuchte, wenigstens annähernd kostendeckende Preise aufrechtzuerhalten.

Im Jahre 1959 ordnete die Montanunion die Auflösung der Verkaufsorganisation für die Ruhrkohle an. Eine Klage der Ruhrgesellschaften wurde vom Gerichtshof der Montanunion, in dem Deutschland wie in der ganzen Union nur als schwache Minderheit vertreten war, abgewiesen. Die Ruhrindustrie mußte ihre sechs Verkaufsgesellschaften auflösen. Nur zwei Verkaufskontore wurden ihr gestattet. Diese mußten aber getrennt arbeiten. Gemeinsames Büro, Normenausschuß und Exportgesellschaft mußten aufgelöst werden. Sogar die Tätigkeit der Ruhrkohlenberatungsgesellschaft wurde eingeschränkt.

Das mußte die Krise des deutschen Steinkohlenbergbaus verschärfen. Die deutsche Kohle hatte nie ohne den Schutz der Verkaufsorganisation bestehen können. Das war kein verwerflicher »Monopolkapitalismus«, sondern eine volkswirtschaftliche Notwendigkeit. Die Zerschlagung der Verkaufsorganisation und der anderen gemeinsamen Einrichtungen an der Ruhr vermehrte die Schwierigkeiten. Auch der weitere Rückgang des Kohlenabsatzes um 22% zwischen 1963 und 1966 rührte die Montanunion nicht. Vergeblich mahnte Bundeskanzler Erhard, eine Förderkapazität von 140 Mio t zu erhalten. Bis 1965 ging die Zahl der Kohlenzechen von 175 (soviel waren es 1955) auf 107 zurück. Eine Förderkapazität von 25 Mio t war binnen zehn Jahren verschwunden.

Eine Zeche nach der anderen war »unwirtschaftlich« geworden. Bei einem besseren Kohlenpreis wären viele wirtschaftlich geblieben. Eine unabhängige deutsche Kohlenpolitik hätte der Kohle vermehrten Schutz gewährt, die Verkaufsorganisation und mit ihr den Preis gestützt, den Zoll erhöht und alles getan, um die Zechen und die Beschäftigung an der Ruhr zu erhalten. Das durfte nun nicht geschehen. Das Zechensterben ging weiter. Von 1957 bis 1974 sind 129 Kohlenzechen geschlossen worden und nur 46 übriggeblieben. Man glaubt die Politik des Morgenthau-Plans vor sich zu sehen, aber die Förderkapazität ging, obwohl stark angeschlagen, nicht im gleichen Ausmaß zurück; während die Zahl der Zechen um 72% sank, nahm die Kapazität »nur« um 40% ab.

Es war wohl nicht die Absicht der Montanunion, den deutschen Kohlenbergbau zu vernichten, was nicht nur eine Verarmung Deutschlands, sondern auf die Dauer auch eine Verarmung Europas bedeutet hätte. Die maßgebenden französischen Funktionäre der Montanunion wollten nur billige Kohlenpreise erreichen. Daneben verfochten die Bürokraten der Montanunion dogmatisch eine Ideologie, die sich gegen industrielle Zusammenschlüsse jeder Art richtete. Ein Hintergedanke mag es gewesen sein, durch Verschlechterung der Ertragslage einige deutsche Bergwerke reif für eine Übernahme durch Franzosen zu machen. »Harpen française !« jubelten die Pariser Blätter, als eine französische Kapitalgruppe die große Harpener Bergwerksgesellschaft an der Ruhr gekauft hatte. Das Geschäft sollte sich nicht als so gut erweisen, wie man gemeint hatte.

Öl verdrängt Kohle

Gewiß waren viele deutsche Zechen nicht auf dem modernsten Stand; oft waren sie auf ungünstige Flöze angewiesen. Die Kohle war teuer – aber man hatte sie. Jetzt hat man sie nicht. Die fällige Rationalisierung und Modernisierung hätte langsamer und weniger schmerzhaft durchgeführt werden können. Nun setzte um diese Zeit auch noch die Ölschwemme ein. Orientöl kostete, nach dem Energieinhalt gerechnet, nur halb soviel wie deutsche Steinkohle. Industrie, Kraftwerke und Haushalte stellen sich auf Heizöl um. Erhards fast naiver Ruf nach einer freiwilligen Selbstbeschränkung der Ölimporteure verhallte ungehört.

Aber wer »Kohle statt Öl« zu sagen wagte, war ein »Nationalist« und »Autarkist«, der einen »veralteten Energieträger« beibehalten wollte. Rückblickend erscheint die deutsche Energiepolitik wie eine Serie von Schildbürgerstreichen. Die Zahl der im Bergbau insgesamt Beschäftigten sank von 1955 bis 1965 von 587000 auf 388000, die Zahl der Arbeiter unter Tage, der eigentlichen Bergarbeiter, von 368000 auf 225000. Auch von diesen mußte in der Folge die Hälfte noch umlernen. Fast gewaltsam wurde ein großer Teil dieses hervorragenden Bergarbeiterstamms auf andere Berufe umgeschult. Heute fehlen die Bergleute. Jeder vierte Arbeiter unter Tage im deutschen Steinkohlenbergbau ist ein Türke. Sogar aus Korea mußte man Bergarbeiter holen, um überhaupt Kohle fördern zu können. Die deutsche Steinkohlenförderung ist auf 90 Mio t gesunken, die Kapazität auf 100 Mio t. (Die polnische Steinkohlenförderung dagegen ist in derselben Zeit auf 200 Mio t gestiegen.)

Verteidiger dieses energiepolitischen Irrwegs behaupten heute noch, die deutsche Industrie hätte ihre Wettbewerbsfähigkeit verloren, wenn man bei der Kohle geblieben wäre. Das ist übertrieben, denn Brennstoffe sind nur ein Teil der Industriekosten. Mit ausreichender Hilfe hätte man die Kohle retten können. Seit zehn Jahren zehrt der internationale Ölwucher die damals gemachten Ersparnisse auf. Der Rohölpreis hat sich, in deutscher Währung gerechnet, seit 1970 versiebenfacht. Insgesamt sind im abgelaufenen Jahrzehnt 150 Milliarden DM an Mehrkosten für Öleinfuhren gezahlt worden, davon 35 Milliarden allein im Jahre 1979. Mit einem durchschnittlichen Aufwand von 15 Milliarden DM jährlich hätte man eine Mehrproduktion an Kohle von 150 Mio t im Jahr auf den Preis amerikanischer Kohle heruntersubventionieren können! Man gab das Geld lieber den Ölscheichen und »Ölmultis«. Freilich war das Öl bis 1978 immer noch billiger, als die Kohle einschließlich des Subventionsaufwands gewesen wäre, und es ergab sich ein kurzzeitiger Nutzen. Aber es wäre vielleicht kein Unglück gewesen, wenn die durch den Einsatz teurer Kohle verursachte Notwendigkeit knapperer Kalkulation die Überkonjunktur, die Überindustrialisierung und so manchen Wohlstandsauswuchs, nicht zuletzt auch die Gastarbeiterflut, in Grenzen gehalten hätte.

Man sprach in diesen Jahren allen Ernstes davon, den Steinkohlenbergbau vollständig zu schließen. Ein Beispiel wurde eingangs gegeben. Nach langen Debatten beschloß die Bundesregierung, einen »Sockel« von 70 Mio t Jahresförderung zu erhalten (später auf 90 Mio t erhöht), und gab verstärkte Hilfe, nachdem die ersten, schon vor 1960 eingeleiteten Hilfsmaßnahmen sich als unzureichend erwiesen hatten. Von einer Hilfsstellung der Montanunion sah man weiter nichts, aber die Hohe Behörde hatte wenigstens insofern ein Einsehen, als sie dem Zusammenschluß der Ruhrkohlenzechen kein Hindernis mehr in den Weg legte. Die meisten Zechen waren im Besitz von Hüttenwerken. Unter dem vereinten Ansturm der Preissenkungen und Ölimporte waren sie dem Zusammenbruch nahegekommen.

Nun wurden sie bis auf geringe Reste von der Hüttenindustrie getrennt. 29 Bergwerksunternehmen wurden in der Ruhrkohle AG (1968) vereinigt. Der Bund unterstützte die Aktion mit Bürgschaften von 3,3 Milliarden DM.

Mit dieser Reorganisation des Bergbaus trat auch der gemeinsame Kohlenverkauf praktisch wieder ins Leben, denn die Ruhrkohle AG vertritt 80% der deutschen Steinkohlenförderung. Eine einheitliche Preispolitik wurde wieder möglich. Die Montanunion redete vorläufig nicht mehr hinein. Die deutsche Kohle war für Frankreich weniger wichtig geworden, denn amerikanische Kohle war billiger, außerdem war auch der französische Kohlenbedarf durch die Umstellung auf Öl gesunken, sodaß selbst die französische Kohlenproduktion eingeschränkt werden mußte, wenn auch nur um etwa 5%.

Nun duldete die Montanunion, in der inzwischen mit der Stärkung der deutschen Position in der EWG auch das deutsche Wort vernehmlicher geworden war, sogar die im Montanvertrag verbotenen Subventionen, zumal diese in den angeschlossenen Ländern, Frankreich voran, längst nicht nur in der Bergwerks-, sondern auch in der Hüttenindustrie zur Regel geworden waren.

Die Ruhrkohle AG fand eine äußerst schwierige Situation vor. Von 1970 bis 1972 sank der Kohlenabsatz um weitere 8%. Der Inlandsverbrauch an Steinkohle war auf 74 Mio t gesunken, der Ölverbrauch auf 120 Mio t gestiegen.

Wirksame Maßnahmen gegen die Ersetzung der Kohle durch Öl – bald kam noch eine Erdgasflut hinzu – waren politisch unmöglich. Es blieb den neuen Männern an der Ruhr nichts übrig, als weiter Zechen zu schließen, mit dem Bergbau nach Norden zu wandern, wo bessere Gruben abgeteuft werden konnten oder schon vorhanden waren, und die Kohlengewinnung drastisch zu rationalisieren. Das Ergebnis ist, daß der Kohlenbergbau im südlichen Teil des Ruhrgebiets mit den klassischen Produktionsstätten bis auf einen Zipfel im Südwesten verschwunden ist, während im nördlichen Teil die modernste und leistungsfähigste Kohlenproduktion Europas aufgebaut worden ist. Die deutsche Förderung mußte, alle Steinkohlenreviere zusammengerechnet, unter 100 Mio t gesenkt werden. Die Zahl der Zechen sank binnen vier Jahren von 69 auf 46, um sich dann bis 1980 ungefähr auf diesem Stand zu halten. An der Ruhr waren nur 40 Zechen übriggeblieben, allerdings große und erstklassige.

Auch so bildeten sich immer wieder Kohlenhalden bis zu 24 Mio t, was jedesmal – es geschah bisher dreimal – düstere Kommentare über den unvermeidlichen Untergang des deutschen Kohlenbergbaus auslöste. Aber die Halden verschwanden bemerkenswerterweise immer wieder; es handelte sich nur um zeitweise Konjunktureffekte. Dennoch ist es heute so, daß fast drei Viertel der deutschen Steinkohle an zwei heimische Großabnehmergruppen gehen, die Elektrizitätswerke und die Hüttenindustrie, und daß auch dieser Absatz mit staatlichen Subventionen gesichert werden muß. Der freie Markt (Hausbrand, Kleinverbraucher) nimmt nur noch 10–15 Mio t jährlich auf, ebensoviel beziehen die Hüttenwerke anderer EWG-Länder, 8–10 Mio t werden anderweitig exportiert.

An der letzten Haldenbildung konnte sich die Ruhrkohle beinahe gesund machen. Im Jahre 1979 sanken die Halden, die beim letzten Schub (1976) auf 21 Mio t angestiegen waren, auf bloße 6 Mio t herab, einen Vorrat für einen Monat. Die Kohlenpreissteigerung hatte die Halden aufgewertet und die Gesellschaft konnte einen erheblichen Gewinn erzielen. Zum erstenmal kam die Ruhrkohle AG aus den roten Ziffern heraus und konnte einen Überschuß von 138 Millionen Mark berichten. Sie freute sich über die »heimliche Sparkasse« der Halden. Man sieht wieder die Relativität der wirtschaftlichen Begriffe in der Kohlenindustrie. Was das eine Mal das sichere Anzeichen der Katastrophe ist, wird das nächste Mal zur glückbringenden Sparkasse ...

Das Hilfswerk der Bundesregierung

Die Hilfsmaßnahmen der Bundesregierung, zum Teil auch einzelner Länderregierungen summieren sich zu einer Subventionierung des Steinkohlenbergbaus mit etwa 6,5 Milliarden DM jährlich. So erschreckend das aussieht, ist es wenig im Vergleich zu den Kosten der Ölpreissteigerung und auch nicht viel im Vergleich zu den Subventionen für die deutsche und die aus deutschen Beiträgen unterstützte ausländische Landwirtschaft.

Die wichtigsten Subventionen sind jene für Kokskohle und Kraftwerkskohle. Die Kokskohle wird auf das durchschnittliche Importpreisniveau heruntersubventioniert, sodaß die Hüttenindustrie den Koks zum Weltmarktpreis erhält. Das bedeutet praktisch die Hälfte des Inlandspreises. So wird der Absatz von 22 Mio t Steinkohle gesichert.

Für die Kraftwerkskohle sorgen drei Verstromungsgesetze. Es wird eine Ausgleichsabgabe von 4,5% auf den elektrischen Strom erhoben, der »Kohlenpfennig«, der die Bezahlung der teuren Kohle erleichtert. Er erreicht 2 Milliarden DM jährlich. Den Verbraucher drückt er nicht sehr.

Eine »Wärmepreisdifferenz« wird für 22 Mio t Kraftwerkskohle gewährt, um den Preisunterschied zwischen Kohle und schwerem Heizöl auszugleichen. Dank den Ölscheichen ist diese Differenz in jüngster Zeit verschwunden, sodaß diese Subvention im Augenblick nicht praktiziert wird. Neuerdings ist die Errichtung neuer Kraftwerke mit Ölheizung verboten.

Für 11 Mio t zusätzlich verstromter deutscher Kohle wird eine Heruntersubventionierung auf den Importpreis gewährt. Das macht beim jetzigen Preisstand rund 1 Milliarde DM aus. Insgesamt fallen 33 Mio t Kohle unter die Subventionierung. Das dritte Verstromungsgesetz von 1980 sieht eine Erhöhung des Einsatzes deutscher Kohle in Kraftwerken auf 47,5 Mio t bis 1995 vor.

Doch sollen die Mengen über 33 Mio t nicht mehr subventioniert werden. Für über diese Menge hinaus von den Kraftwerken gekaufte deutsche Steinkohle erhalten die Kraftwerke proportionale Einfuhrbewilligungen auf ausländische Kohle. Bis 1986 wird für je 2 t Inlandskohle die zollfreie Einfuhr von 1 t Kohle genehmigt, ab 1987 schon für je 1 t Inlandskohle, also Import im Verhältnis 1:1. Solange die ausländische Kohle so billig ist (Preis 1980: DM 80.–bis 90.– die Tonne), stellt eine solche Einfuhrbewilligung einen erheblichen Wert dar. Sie ersetzt die Subvention. Die Kraftwerke dürfen mit den Einfuhrbewilligungen untereinander handeln.

Die bisherige Abnahmeverpflichtung der Kraftwerke von 33 Mio t jährlich wird für die Periode 1981–1985 auf 38, für 1986–1990 auf 43 und für 1991–1995 auf 47 Mio t gesteigert. Der Absatz von rund der Hälfte der deutschen Steinkohlenförderung ist damit gesichert.

Massiv sind die Sozialsubventionen für den Bergbau. Der Staat zahlt einen hohen Beitrag zur Knappschaftsversicherung, ferner gewährt er eine Bergmannsprämie für jede Schicht unter Tage, anfangs 2,5, jetzt 5 DM pro Mann.

Die Einfuhr von Kohle ist genehmigungspflichtig. Der Kohlenzoll beträgt nur DM 10.– je Tonne, was bei einem Inlandspreis von DM 175.– ein geringer Schutz ist. Als die Montanunion diesen Zoll festlegte, kostete die Kohle ein Viertel des jetzigen Preises und der Zollschutz war erheblich. 6 Mio t jährlich dürfen zollfrei eingeführt werden. Mit der zunehmenden Verstromung sollen zunächst 14,5 Mio t schrittweise dazukommen.

Subventionen für Investitionen, Stillegungen, Strukturverbesserung, Absatzförderung und Lagerhaltung machen über 1 Milliarde DM jährlich aus.

Mit diesen Maßnahmen hat man den deutschen Steinkohlenbergbau, wenn auch auf dem geschrumpften Stand, einigermaßen stabilisiert. Hätte man ihn ganz geschlossen, wie sogenannte Ökonomen vorschlugen, so hätte man zusätzliche 50 Mio t Öl im Jahr einführen müssen. In Gestalt der Preiserhöhungen für dieses Öl wäre derselbe Betrag, den man in den letzten zehn Jahren für die Stützung der Kohle aufgewendet hat, in die bodenlosen Taschen ausländischer Ölproduzenten geflossen.

Was den Braunkohlenbergbau betrifft, erhält er sich selbst und bedarf keiner Subventionen. Die deutsche Braunkohle wird zum Großteil verstromt. Der Absatz der deutschen Kohle ist auf absehbare Zeit gesichert, aber damit ist sie fast ausverkauft. Wenn große Kohlenveredlungsprojekte durchgeführt werden sollen, muß die Produktion stark erhöht werden. Sonst bleibt als Alternative nur ein neues Kapitel in der Energiepolitik von Schilda, das schon eifrig propagiert wird: eine massive Erhöhung der Kohleneinfuhr, die eine neue Abhängigkeit an die Stelle der Abhängigkeit vom Öl setzen wird.

8. Kohle in Deutschland

Kohle kann im Tagbau und im Schachtbau gewonnen werden. Beim Tagbau liegen die Kohlenflöze nahe der Oberfläche; die deckende Erde bzw. das deckende Gestein wird weggeräumt. Die Kohle wird dann ausgebaggert. Im Tagbau arbeitet der deutsche Braunkohlenbergbau, während der Steinkohlenbergbau nur den Schachtbau kennt. In Amerika, Russland und manchen anderen Ländern gibt es dagegen ungeheure, dem Tagbau zugängliche Steinkohlenlager. Der Tagbau ist naturgemäß ungleich billiger als der Schachtbau.

Vollmechanisierter Bergbau

Im Ruhrgebiet beträgt die durchschnittliche Teufe der Schächte 850 m, die maximale 1200 m. In Oberschlesien sind die Schächte im Durchschnitt 350 m, in England 450 m tief. In Amerika liegt die mittlere Teufe unter 400 m, in Einzelfällen reicht sie weit tiefer. Das tiefste Kohlenbergwerk der Welt befindet sich in Südafrika (3690 m). Kohle aus tiefen Lagerstätten ist teuer, denn je tiefer der Schacht, desto kostspieliger werden Anlagen, Anfahrt und Transport im Bergwerk.

Steinkohlenflöze (Kohlenadern) können Dicken von 1 cm bis 20 m haben, gelegentlich noch mehr. Die Gewinnbarkeit im Schachtbau wird von ihrer Mächtigkeit, ihrer Teufe und ihrem Einfallswinkel bestimmt. Am günstigsten ist es, wenn sie horizontal liegen; vielfach verlaufen sie aber unter einem erheblichen Winkel, also schräg, oder sogar fast senkrecht. Das erschwert den Abbau, namentlich den maschinellen. Dies gilt auch für einen gewundenen oder unterbrochenen Verlauf der Flöze. Im Ruhrgebiet verlaufen die Flöze im allgemeinen schräg absteigend von Ost nach West über eine Strecke von 40–50 km; sie beginnen im Osten nahe der

Oberfläche und steigen unter einem mittleren Winkel von 6 Grad bis unter 3000 m Teufe ab. Im Einzelfall kann der Einfallswinkel viel größer sein. Für mechanischen Abbau sind Flöze von 3 m und mehr am günstigsten, doch können schon Flöze von 0,5 bis 1 m abbauwürdig sein.

An der Ruhr sind die Flöze meist von der dünneren Art, im Mittel 1–3 m, in Oberschlesien sind sie um die Hälfte stärker, ebenso in England. In Amerika gibt es Flöze von 50–200 m Dicke. Die Flöze liegen meist in erheblicher Anzahl (bis zu 20 und 30) übereinander; geht man an ein tieferes Flöz, so erreicht der Bergbau eine tiefere »Sohle«. Die aus dem Karbon stammende Ruhrkohle ist durch tektonische Bewegungen gegen ihre ursprüngliche Lage verschoben, was den Bergbau erschwert.

Seit seiner Erschließung hat das Ruhrgebiet bisher 8,4 Mrd. t Kohle geliefert. Nach der durchgreifenden Modernisierung fördert jeder Abbaubetriebspunkt durchschnittlich 1300 t täglich, die höchste Ziffer in Europa. Die durchschnittliche Tagesförderung je Schacht ist mit 9000 t (viermal so hoch wie vor 20 Jahren) die höchste der Welt. Die Mannschichtleistung ist in 20 Jahren von 1,4 auf 4,6 t gesteigert worden; stellenweise kommt sie mit 6 t der amerikanischen nahe. Durch die Rationalisierung sind bei der Förderung 55% der Mannschichten eingespart worden, beim Streckenausbau 35%, beim Transport 24%. Der Bergbau ist vollmechanisiert. Handarbeit ist praktisch verschwunden; den Bergmann mit der Spitzhacke findet man nur noch in Modelldarstellungen im Museum. Auch der Preßlufthammer, der 1950 noch vorherrschte, wird nur noch gelegentlich zum Abbau von Resten verwendet.

Ein Bergwerk hat zwei Schächte, einen für die Förderung der Kohle und die Zufuhr von Frischluft, den anderen für Menschen- und Materialtransport sowie die Luftabfuhr. In der Minute werden 25 000 m^3 Luft gewechselt. Das Gewicht der täglich geförderten Luft ist größer als das der geförderten Kohle! Ein Schacht hat einen Durchmesser von 5–8 m. Viele Förderschächte sind an der Grenze ihrer Leistungsfähigkeit angelangt, was eine Erhöhung der Förderung blockiert. Der Bergbau wurde nicht mit der Perspektive einer Produktionserhöhung reorganisiert, sondern mit dem Blick auf eine stationäre Förderung. Man gab der Kohle keine Zukunft mehr.

Die »Strecken« werden parallel zu den Flözen vorgetrieben. Von diesen »Richtstrecken« führen »Querschläge« zu den Flözen. Von dort gehen die Abbaustrecken in das Flöz. Zwei Abbaustrecken sind durch den »Streb« verbunden, den Ort der eigentlichen Gewinnung. Gewaltige Kohlenhobel und Schrämmaschinen hobeln und fräsen die Kohle aus dem Flöz und übergeben sie der Förderanlage. Die Strebe haben eine Gesamtlänge von 30 km.

Eine Schrämmaschine fördert bis zu 10 000 t täglich, davon leider die Hälfte »Berge«, d.h. Gestein, das unvermeidlich mitkommt. Im ganzen werden an der Ruhr durchschnittlich 90 Mio t Rohkohle und ebensoviel »Berge« im Jahr gefördert, außerdem werden 5 Mio t Material transportiert. Diese Mengen würden einen Güterzug von 43 000 km Länge füllen, mehr als der Erdumfang. Jedes Jahr werden im Bergwerk 600 km Abbau- und 100 km Gesteinsstrecken aufgefahren. Das würde einen Tunnel von Essen über München bis in die Alpen ergeben. Wie F. Benthaus, dem wir in dieser Darstellung folgen, hierzu bemerkt, ist der Bergbau der größte Tunnelbau-Unternehmer der Welt. Den Transport besorgen nicht nur Bänder, sondern auch elektrische Züge. Das Bahnnetz einer Schachtanlage erreicht 100 km, das unterirdische Streckennetz des Ruhrgebiets 3400 km.

Die vorherrschende Methode ist der 1970 eingeführte »schreitende Schildausbau«. Der die riesigen Maschinen bedienende Bergmann steht unter einem Dach aus Stahlschilden, die hydraulisch verschoben werden können. Sie decken den Arbeitsraum über 200–300 m ab. In dem Maße, wie der Abbau fortschreitet, rücken auch die Stahlschilde nach. Hinter ihnen darf der »Berg« in das leergeräumte Flöz einbrechen. Er versucht das auch mit den Stollenstrecken, die mit Stahlbogen offengehalten werden, aber trotzdem alle Vierteljahre nachgegraben werden müssen, weil sich unter dem Gebirgsdruck ihr Boden um 1 m gehoben hat. Das leergeräumte, steingefüllte Flöz heißt in der Bergmannssprache der »tote Mann«.

Die Arbeitszeit unter Tage beträgt einschließlich An- und Abmarsch 8 Stunden, an heißen Punkten eine Stunde weniger. Die Temperatur wird im allgemeinen mit Klimaanlagen auf maximal 30° gehalten. Zwei Stunden der Arbeitszeit sind für den Weg und die Pausen reserviert. Die Arbeitszeit »vor Ort« beträgt nur sechs bzw. fünf Stunden. Der Bergmann geht nicht mehr zu Fuß durch das Bergwerk, sondern bewegt sich auf Zügen, Bändern und Sesselliften. Mit der Kohle kommt er kaum noch in Berührung. Hauptsächlich bedient er Maschinen, Fahrzeuge und Apparate. Das hat den einst so schweren Bergmannsberuf humanisiert und zugkräftiger gemacht. Der Zugang an Nachwuchs wird als befriedigend bezeichnet, nur an den mittleren Jahrgängen fehlt es, seit die Schildbürger sie dezimiert haben. Die Löhne im Bergbau sind traditionell die höchsten im Lande und sind mit der zunehmenden Qualifizierung der Arbeit noch höher geworden.

Eine Enttäuschung hat, zumindest in Deutschland, die hydromechanische Kohlengewinnung gebracht, die von den Russen viel angewendet und als russische Erfindung propagiert wird, aber aus einem oberschlesischen Patent von 1908 stammt. Ein unter 100 bar stehender Wasserstrahl schlägt die Kohle aus dem Flöz. Die Menge des Wassers ist sechsmal so groß wie die Kohlenmenge. Das Gemenge von Wasser und Kohle strömt zu einem Sammelbecken und wird von dort zutagegepumpt.

Ein deutscher Versuch von 1958 verlief ermutigend. Die Mannschicht brachte 7–15 t. Die Zeche mußte trotzdem stillgelegt werden. Neuerdings unternahm man mit staatlicher Unterstützung noch einen Großversuch, aber gegenüber den heutigen mechanischen Methoden waren die Vorteile gering und auch diese Grube wurde geschlossen. An ihre Stelle trat eine vollmechanisierte. Günstigeres wird aus Amerika, Russland, China und anderen Ländern über die hydromechanische Methode berichtet. Für deutsche Verhältnisse scheint sie sich nicht zu eignen.

Perspektiven eines Kohlenprogramms

Bleibt die deutsche Kohlenförderung auf dem jetzigen Niveau, so werden in zehn bis fünfzehn Jahren die »riesenhaften« Hydrier- und Vergasungswerke dastehen (zumindest auf dem Reißbrett), von denen Bundeskanzler Schmidt gesprochen hat, aber die Kohle für ihren Betrieb wird fehlen. Man würde erwarten, den Bau neuer Kohlenbergwerke im Mittelpunkt des Energieprogramms zu finden. Hat die Regierung es doch zu ihrem Ziel erklärt, importiertes Erdöl durch einheimische Kohle zu ersetzen. Man sucht aber vergeblich nach Plänen für den dazu notwendigen großzügigen Ausbau der deutschen Kohlenförderung. Vielmehr wird verkündet, daß eine größere Steigerung der Steinkohlenförderung unmöglich sei, schon weil die Bergleute fehlen. Wir müßten auf dem jetzigen Stand verharren. Die Scheiche hören es gerne.

Das Ausbauprogramm des Steinkohlenbergbaus geht in der Konzeption von 1980 nicht über den jetzigen Rahmen der Kohlenwirtschaft hinaus. Es zielt lediglich auf die Sicherung der heutigen Förderung ab. Große Kohlenlieferungen für die Öl- und Gaserzeugung sind darin nicht vorgesehen. Die Ruhrkohle AG teuft acht neue Schächte ab und vertieft neun andere. Im Ruhrgebiet liegt der Großteil der Reserven in den unverritzten Lagerstätten des Nordens. Soweit wie möglich will man hier, wie auch in den Revieren Saar und Aachen, bei der Neuproduktion an schon vorhandene Standorte anschließen. Ein zehnjähriges Explorationsprogramm mit einem Aufwand von 500 Millionen Mark soll 4 Mrd. t abbauwürdige Vorräte abstecken. Die Erschließung dieser Lager wird Investitionen von 18 Milliarden Mark erfordern, die sich über 20 Jahre verteilen sollen. Mit den Schachtbauten hat es nach der Exploration noch gute Weile. Auch die Erlangung der notwendigen Genehmigungen ist zeitraubend, zumal sie zunehmend von den Umweltschützern bekämpft werden. (Die Frage ist, welche Umwelt sie schützen wollen, wenn es keine Energie gibt.)

Es ist keine gewaltige Neuproduktion zu erwarten. Der Vorsitzende der Bergarbeitergewerkschaft, Wilhelm Schmidt, schätzt, daß bis 1995 die Förderung um 10 Mio t steigen wird. Auch optimistische Ruhrmanager erwarten bis zum Jahr 2000 keine höhere Förderung als 100 Mio t gegen die jetzigen 90 Mio t. Von den neu erschlossenen Vorräten wird ein Teil nur zum Ersatz abgebauter Felder dienen, den Rest werden die steigenden Verstromungslieferungen in Anspruch nehmen. Es ist gewiß erfreulich, wenn nicht mehr von Schrumpfung die Rede ist und man wenigstens auf dem jetzigen Stand mit einer gesicherten Existenz dieser Grundindustrie rechnen kann. Aber für ein großes Kohleveredlungsprogramm reicht die geringe vorgesehene Förderungszunahme nicht. Man könnte höchstens in der Exploration der 4 Mrd. t neuen Vorräte einen Wechsel auf die Zukunft sehen.

Aber nur auf die Zukunft. Selbst wenn man die 10 Mio t Mehrproduktion zur Gänze der Kohleveredlung zuführen könnte, würde das nicht mehr als die Herstellung von 3 Mio t Treibstoff oder 5 Mio t Heizöl (bzw. dessen Äquivalent in

Gas) bedeuten. Bei einem Einfuhrbedarf von 100 Mio t Rohöl und 30 Mio t Ölprodukten wäre das ein Öltropfen auf den heißen Stein. Das Kohleprogramm von 1980 kann nichts zur Minderung der Abhängigkeit von der Öleinfuhr beitragen. Der Leiter der Ruhrkohle AG erklärte 1980, daß es eine deutsche Kohlenpolitik eigentlich nicht gibt.

Wieviel Kohle zum Ölersatz?

Hier ist ein Denken in anderen Größenordnungen notwendig. Zunächst ist zu fragen, wieviel zusätzliche Kohle für ein angemessenes Energieprogramm benötigt wird und wieviel in einer vernünftigen Zeit produziert werden kann. Die Frage nach dem Bedarf wäre vorläufig dahin zu beantworten, daß mindestens ein Viertel der jetzigen Öleinfuhr durch Kohle oder Kohleprodukte ersetzt werden muß, wenn das Energieprogramm die Einfuhrabhängigkeit merklich mildern und eine marktwirksame Handhabe gegenüber den Ölproduzenten bieten soll. Das würde die Ausschaltung von Öleinfuhren in der Höhe von mindestens 25 Mio t jährlich bedeuten; auch bei den besten jetzt in Erprobung stehenden Methoden der Heizöl- und Gasgewinnung aus Kohle wären dazu 60 Mio t zusätzliche Steinkohle erforderlich. Man käme damit schon auf die Förderung von 1955, d.h. rund 150 Mio t.

Wenn diese Förderung bei der damaligen, gegen heute fast primitiv anmutenden Technik möglich war und die Montanunion sogar 200 Mio t verlangen konnte – warum sollte es bei der heutigen Spitzentechnik unmöglich sein? Das Problem liegt in den enormen Investitionen, die für eine volkswirtschaftlich relevante Produktionserhöhung notwendig sind und wegen des großen Risikos rein privatwirtschaftlich von den Unternehmungen, in deren Händen der Bergbau liegt, nicht getragen werden können.

Für 60 Mio t Kohle im Jahr zur Substitution von 25 Mio t Erdöl wären 30 neue Bergwerke mit je 2 Mio t Jahresförderung erforderlich. Der Investitionsaufwand würde, nach heutigen Preisen gerechnet, etwa 60 Milliarden DM betragen. Auf 10–15 Jahre verteilt – viel schneller ginge es wohl nicht –, wäre das für eine Wirtschaft wie die deutsche durchaus tragbar. Die Ölgesellschaften machen so etwas ohne Schwierigkeiten. Die Nordseebohrungen haben sie bisher doppelt soviel gekostet. Aber die Ölgesellschaften verdienen genug und wissen, daß sie ihr Produkt auf dem freien Markt verkaufen können. Die Kohlengesellschaften können das leider nicht von sich sagen.

Rein geschäftlich betrachtet, kann die Kohlenindustrie gewiß nicht 60 Milliarden Mark investieren und ihre Anlagen verdoppeln, wenn sie vor dem Risiko steht, daß man dann plötzlich wieder von der Kohle abkommt, weil die Ölscheiche, sei es aus Einsicht, sei es als Marktmanöver zur Abwehr der Substitutionsprodukte, die Ölpreise senken, was ja ganz in ihrem Belieben liegt. Es besteht auch das Risiko, daß plötzlich die Tore für billige Auslandskohle geöffnet werden, wonach viele Stimmen rufen. Eine Industrie, die befürchten muß, daß die eigene Regierung ihr Konkurrenz auf dem Inlandmarkt schafft, wird mit Investitionen zögern. Dazu kommt der allerdings noch umstrittene Wettbewerb der Kernenergie. Der Bau eines Kernkraftwerks erfordert übrigens dieselbe Zeit wie der Bau eines Bergwerks.

Eine massive Erhöhung der Produktion in einem energiepolitisch signifikanten Ausmaß bedarf einer wesentlichen Voraussetzung: der Staat muß die Abnahme der Kohle sichern, wie er jetzt die Abnahme der landwirtschaftlichen Erzeugnisse und der Kraftwerks- bzw. Hüttenkohle absichert. Anders geht es heutzutage nicht, wie immer man theoretisch über die Frage von Staatseingriff und freier Wirtschaft denken mag.

Man scheint, wenn überhaupt, dem Bau neuer Bergwerke erst nähertreten zu wollen, wenn die Ergebnisse der angelaufenen Großversuche zur Kohleveredlung vorliegen. Das wird kaum vor 1990 der Fall sein. Da der Bau eines Bergwerks acht bis zehn Jahre erfordert, wird nach 1990 eine Zeitlücke entstehen zwischen dem Punkt, wo die Veredlungsindustrie startbereit ist, und dem Punkt, wo deutsche Kohle für sie bereitsteht. Mit anderen Worten, die Verwirklichung des großen Programms muß dann noch um ein bis zwei Jahrzehnte hinausgeschoben werden, obwohl doch schon seine jetzigen Fristen bedenklich lange sind. Und was soll inzwischen geschehen? Die Aussichten, daß wir bis zum Jahr 2000 einen wesentlich erhöhten Teil unseres Energiebedarfs aus deutscher Kohle decken können, sind unter diesen Umständen nicht groß. Es wären frühere und kühnere Entschlüsse notwendig.

Blickt man über die Jahrtausendwende hinaus, wird eine Substitution von 25% der Öleinfuhr auf die Dauer nicht ausreichen, schon weil Öl allmählich knapper werden wird. Innerhalb der gegebenen Möglichkeiten könnte man dann an Ersatz für 50% denken. Das liefe auf 200 Mio t Jahresförderung hinaus. Utopisch? Polen fördert in Oberschlesien leicht diese Menge. Gewiß, die Löhne sind dort weit niedriger, die Kohle ist etwas leichter zu gewinnen, aber die Technik ist weniger auf der Höhe. Sollte an Ruhr und Saar unmöglich sein, was dort möglich war?

Die Investitionen würden sich entsprechend vergrößern, aber auch die Zeit, über die sie sich verteilen würden, wäre länger. Während der langen Bauperioden fände sich auch Zeit für die Beschaffung der benötigten 50000 neuen Bergarbeiter. Die Bergarbeiter waren leichter wegzuschicken, als sie wieder geholt werden können, aber das Problem sollte nicht unlösbar sein. Daß ein umfangreicher Ausbau der Kohlenwirtschaft langdauernde günstige Auswirkungen auf

Beschäftigung und Konjunktur haben würde, bedarf keiner Betonung. Auf einen Beschäftigten im Bergbau entfallen zwei für den Bergbau Beschäftigte in den Zulieferindustrien.

Die deutschen Steinkohlenvorräte

Wie groß sind die deutschen Steinkohlenvorräte? Die Geologen schätzen sie auf 230 Mrd. t, was bei der jetzigen Förderung 2300 Jahre, bei einer verdoppelten 1150 Jahre reichen würde. Leider liegen diese Vorräte zum größten Teil in noch unerreichbaren Tiefen. Von ihnen sind die technisch erfaßbaren Vorräte zu unterscheiden, von diesen wieder die wirtschaftlich abbauwürdigen.

Der Bundesbeauftragte für den Steinkohlenbergbau schätzte im Jahre 1970, daß von den 230 Mrd. t etwa 70 Mrd. t in Teufen bis 1200 m liegen. Diese Vorräte wurden als »sicher« bezeichnet. Darunter werden bis 2000 m Teufe »wahrscheinliche« Vorräte von 160 Mrd. t vermutet. In noch tieferen Schichten werden Kohlenlager bis zu 500 Mrd. t für möglich gehalten, aber so tief nach Nebelheim wollen wir nicht hinabsteigen, denn wir sind vorläufig nicht über 1200 m hinausgekommen. Es wird in absehbarer Zeit nötig sein, bis 1400 oder 1500 m hinunterzugehen. Das wirft Probleme des Gebirgsdrucks und der Klimatisierung auf, die noch der Lösung bedürfen und die Kostenrechnung belasten werden. Ein Bergbau tiefer als 1500 m gilt unter deutschen Verhältnissen zur Zeit als unmöglich; die Technologie dazu muß erst entwickelt werden. Das wird geschehen, aber nicht heute und morgen.

Die technisch erfaßbaren Vorräte bis 1500 m Teufe werden auf 20–24 Mrd. t geschätzt, ein Zehntel der wahrscheinlichen Gesamtvorräte. Davon sah die Weltenergiekonferenz von 1977 nur 6 Mrd. t als abbauwürdig an. Nun ist Abbauwürdigkeit ein mit der Technik und den Marktverhältnissen schwankender Begriff. Heute veranschlagt man die abbauwürdigen Vorräte bis 1200 m Teufe auf 10 Mrd. t, die mit großer Wahrscheinlichkeit abbauwürdigen bis 1500 m auf weitere 10 Mrd. t. Die »technischen« und die »abbauwürdigen« Mengen kommen einander näher.

Wenn von den bis 1200 m ermittelten »sicheren« 70 Mrd. t höchstens 24 Mrd. t als abbaufähig gelten, so kommt das von der schon früher (S. 101) erwähnten Tatsache, daß nur ein relativ kleiner Teil der Kohle bergmännisch gewonnen werden kann. Der Großteil bleibt im Boden, weil er wegen ungünstiger Position oder Zersplitterung praktisch nicht abgebaut werden kann, besonders nicht mit den heutigen, auf größere Flöze eingestellten mechanischen Methoden. Die Zukunftsmusik der Untertagevergasung bietet noch keinen greifbaren Trost dafür.

Mit genügender Vorsicht kann man schätzen, daß bis 1500 m Tiefe noch gut 20 Mrd. t unter den heutigen Verhältnissen abbauwürdige Kohle zu holen sind. Das reicht bei der jetzigen Förderung 200 Jahre, bei einer verdoppelten immerhin noch 100 Jahre. Bis dahin kommt Rat. Viel mehr wird sich nicht machen lassen. Wollte man aus deutscher Kohle alles jetzt verbrauchte Erdöl ersetzen, müßten auch auf Basis der sparsamen Heizöl- und Gasmethoden mindestens noch 250 Mio t jährlich dazukommen. Die Förderung müßte auf amerikanische Dimensionen in der Nähe einer halben Milliarde Tonnen jährlich erhöht werden. Das wäre Raubbau; die Vorräte würden nur 50 Jahre reichen. Eine solche Politik wäre riskant und ist selbstredend auch technisch und wirtschaftlich nicht durchführbar.

Erst wenn es eine wirtschaftlich vertretbare Bergbautechnik für Teufen von 1500 bis 2000 m gibt, wird man an mehr als 25 bis 50% Ersatz für Erdöl denken können. Die vorstehenden Erwägungen fußen im übrigen auf dem deutschen Energiebedarf des Jahres 1980, der zu fast zwei Dritteln aus Erdöl gedeckt wird. Er beträgt 480 Mio t SKE. Die Prognostiker sehen ihn bis 2000 auf 600, bis 2050 auf 870 Mio t SKE steigen. Um die letztere Zeit müßte er, da nach den Prognosen bis dahin das Öl der Welt versiegt und das Uran erschöpft sein wird, praktisch zur Gänze aus Kohle gedeckt werden. Die deutsche Kohlenförderung müßte dann 822 Mio t erreichen.

Das ist nicht zu erwarten. Auch ein Import von 600 oder 700 Mio t ist weder möglich noch wünschenswert. Man muß sich damit trösten, daß diese Ziffern *science fiction* sind und der Energieverbrauch sich, solange keine neuen Energiequellen zur Verfügung stehen – es kommt wohl nur die Fusionsenergie in Frage, über deren Realisierbarkeit sich noch nichts sagen läßt –, auf einem wesentlich niedrigeren Niveau stabilisieren wird. Man wird eben aufhören müssen, dem Götzen »Wachstum« zu opfern.

Perspektiven des Energiebedarfs

Die phantastischen Ziffern der Prognostiker für den künftigen Energiebedarf in Deutschland und der Welt fußen auf der Annahme, daß ein jährliches Wirtschaftswachstum um 3–4% in alle Ewigkeit weitergehen und der Energiebedarf linear mit der Produktion steigen wird. Die Behauptung, daß die Wirtschaft jedes Jahr um den genannten Prozentsatz wachsen muß, ist ein aus Amerika stammender Aberglaube. Auch der Energiebedarf steigt nicht linear mit der Produktion an, sondern wegen des technischen Fortschritts weit langsamer. Das neue Energiesparbewußtsein wird seinen Anstieg weiter verlangsamen.

Die Prognosen für den Energieverbrauch im Jahr 2000 schwanken in so weiten Grenzen, daß man sie schwerlich ernstnehmen kann, zu schweigen von den noch wilderen Prognosen für die folgenden Jahrzehnte. Der Wahrheitsgehalt solcher Prognosen übersteigt nicht den statistischen Zufall. Den Vogel schoß 1973 die EWG mit einer Schätzung des deutschen Energiebedarfs im Jahre 2000 ab: sie weissagte 1400 Mio t SKE. Mit dem Vorrücken des Jahrzehnts wurden die Prognosen vorsichtiger. Die Studie einer Ölgesellschaft von 1977 sah bis zum Jahr 2000 nur einen Bedarf von 500 Mio t SKE kommen. Prof. Geserich (1980) sieht nach einem geringen weiteren Anstieg die Kurve den Weg nach unten einschlagen, sodaß sich der Energiebedarf für 2000 nicht viel von dem jetzigen unterscheiden wird.

Die Seher, die nur einen bescheidenen Zuwachs des Energiebedarfs erspähen können, haben einiges für ihre Auffassung anzuführen. Zunächst nähert sich der Güterbedarf in Deutschland (und im nördlichen Teil der EWG) der Sättigungsgrenze und es besteht wenig Grund für die Annahme, daß die Produktion im bisherigen Tempo weiterwachsen wird. Ein begrenzender Faktor liegt auch darin, daß die Bevölkerung nicht mehr wächst.

Für die anderen führenden Industrieländer mit marktwirtschaftlicher Ordnung gelten ähnliche Erwägungen. In der Sowjetunion und China wird angesichts des noch geringen Lebensstandards der (aus eigenen Mitteln zu deckende) Energiebedarf weiter steigen. In den eigentlichen Entwicklungsländern beträgt der Verbrauch zur Zeit 13% des Weltbedarfs an Primärenergie; die Weltenergiekonferenz hat geschätzt, daß sein Anteil bis 2000 auf 25% steigen wird. Das bedeutet, daß die westlichen Industrieländer weniger Energieträger aus unterentwickelten Gebieten zu erwarten haben.

Die Energiemengen, die von vielen Prognostikern für das nächste Jahrhundert ins Auge gefaßt werden, sind in der Welt einfach nicht aufzubringen. Was den Bedarf der Entwicklungsländer betrifft, so muß in aller Härte ausgesprochen werden, daß es nach dem jetzigen Stand unseres Wissens in der Welt nicht genug Energiequellen und Rohstoffe gibt, um einer Menschheit von 4 Milliarden den Lebensstandard der Mitteleuropäer oder gar der Nordamerikaner zu sichern. Wirtschaftsprognosen, die auf einer solchen Perspektive beruhen, sind nicht realistisch. Schon die Bevölkerungsexplosion der letzten Jahrzehnte hat einen solchen

Ausblick unmöglich gemacht; noch mehr wird das gelten, wenn sich der Bevölkerungszuwachs der unterentwickelten Länder fortsetzt.

Für die fortgeschrittenen Industrieländer muß mit der gleichen Härte gesagt werden, daß die Zeit der billigen Rohstoffe zuende geht. Das bedeutet Sparsamkeit und Einschränkungen, nicht endloses Wachstum.

Montanunion endet mit dem Jahrhundert

Ein Risiko für große Investitionen im Steinkohlenbergbau erblicken manche in der Verfügungsgewalt, welche die Montanunion hinsichtlich der deutschen Kohle besitzt. Nach § 59 des Montanunionsvertrags kann die Union eine »Mangellage« für Kohle erklären und in diesem Fall die Bewirtschaftung der Kohle übernehmen. Sie kann verfügen, daß deutsche Kohle nach Frankreich, Italien oder in andere angeschlossene Länder geliefert wird und auch den Preis dafür festsetzen. Diejenigen, die solche Befürchtungen äußern, vergessen allerdings, daß der Montanunionsvertrag, anders als die EWG, mit der die Montanunion einige Organe gemeinsam hat, auf 50 Jahre befristet ist. Er läuft am 18. April 2001 aus. Gemäß der allgemeinen Aufhebung der Zölle zwischen den Mitgliedstaaten werden keine Zölle mehr für Kohle und Stahl eingeführt werden, aber die Bewirtschaftungsbefugnisse der Gemeinschaft werden erlöschen.

Wie lange reicht die Braunkohle?

Die deutsche Braunkohle fällt nicht unter die Jurisdiktion der Montanunion, deren Bereich sich auf die Steinkohle beschränkt. Der Braunkohlenbergbau hat sich selbständig ohne Subventionen oder politische Eingriffe entwickelt. Die Braunkohlengewinnung ist wie der Steinkohlenbergbau bei wenigen Unternehmen konzentriert. Die Braunkohle wird, wie schon erwähnt, zum größten Teil verstromt. Sie liefert zur Zeit mehr Elektrizität als die Steinkohle. Im Tagbau, der allmählich bis 400 m Tiefe hinuntergeht, ist die Förderung verhältnismäßig billig. Die deutsche Braunkohlenindustrie arbeitet mit den modernsten Mitteln. Sie setzt die größten Bagger der Welt ein. Sie baggern 240000 m^3 täglich, sind 225 m lang und 83 m hoch. Ein Bagger wiegt 13000 t.

Die geologisch ermittelten Vorräte betragen 32 Mrd. t, die technisch erfaßbaren 35 Mrd. t, wovon zur Zeit nur 10 Mrd. t als wirtschaftlich abbauwürdig gelten. Dieser Begriff ist auch hier relativ aufzufassen. Zur ungefähren Umrechnung auf das Steinkohlenäquivalent (SKE) sind die Ziffern durch 3 zu dividieren. Die abbaufähigen Vorräte machen dann nur ein Achtel der abbaureifen Steinkohlenreserven aus. Bei der gegenwärtigen Jahresförderung von 135 Mio t reichen diese Vorräte 80 Jahre, die technisch erfaßbaren 240 Jahre, die geologisch festgestellten 400 Jahre. Eine Erhöhung der Produktion ist auf den im Abbau befindlichen Feldern leichter zu erreichen als bei der Steinkohle. Die Erschließung neuer Lagerstätten dagegen erfordert auch hier 8 bis 10 Jahre und einen langen Papierkrieg mit den Umweltschützern, die sich über die Verunstaltung der Landschaft durch den Tagbau aufregen. Dabei läßt es sich gerade die Braunkohlenindustrie angelegen sein, die abgebauten Felder mit großen Kosten zuzuschütten und wieder in Landschaft zu verwandeln, sogar eine bessere als vorher.

Der Einsatz der Braunkohle bei der Kohleveredlung würde diese bei den jetzigen Preisen in die Nähe der Wirtschaftlichkeit bringen. Die Veredlungsindustrie käme trotzdem nicht ohne staatliche Hilfe aus. Die Zuschüsse wären aber weit geringer als bei Verwendung von Steinkohle. Die Braunkohle würde bei Vergasung einen besseren Wirkungsgrad erbringen als bei der Verstromung, aber die Mengen, die man der Verstromung entzieht, müßten durch Steinkohle ersetzt werden, denn Strom braucht man ebenso wie Gas.

Das Problem würde also nur verschoben. Die für die Verstromung der Steinkohle erforderlichen Subventionen würden die volkswirtschaftlichen Ersparnisse bei der Braunkohlenveredlung aufzehren.

Um ohne Einbuße für die Stromversorgung die Kohle für eine 25%ige Ölsubstitution bereitzustellen, wäre eine Erhöhung der jetzigen Braunkohlenförderung um 200 Mio t notwendig. Das würde eine Verkürzung der Lebensdauer der abbaureifen Vorräte auf 30 Jahre bedeuten. Man neigt begreiflicherweise dazu, mit den Vorräten hauszuhalten. Ein wirkungsvoller Einsatz der Braunkohle zur Erleichterung der Öl- und Erdgassituation wird kaum ohne Erschließung neuer Lager möglich sein. Damit steht man wieder vor einem Investitions- und Zeitproblem. Die Investitionen wären viel geringer als bei der Steinkohle, aber sie würden doch wieder eine Absatzsicherung voraussetzen.

Die Braunkohle bietet der Kohleveredlung gute Aussichten, aber auch die Braunkohle muß erst da sein. Es kommt darauf an, wieviel von den bisher als nur technisch erfaßbar klassifizierten 25 Mrd. t unter den Bedingungen eines Marktes für Hydrierprodukte wirtschaftlich abbauwürdig zu machen ist. Gelänge das vollständig, so wäre der Bedarf für eine 25%ige Ölsubstitution auf 120 Jahre gesichert, für eine 50%ige auf 60 Jahre. Die Braunkohlenindustrie ist sehr an Hydrierung und Vergasung interessiert; sie setzt Hoffnungen besonders auf die Kombination von Kernkraft und Vergasung (S. 98), die freilich wegen der Kernbrennstoffe wieder eine zumindest teilweise Abhängigkeit von Einfuhren bringen würde. Die Steinkohlenindustrie hält nicht viel von dieser Kombination.

Man erinnert sich, daß schon die erste technische Kohlehydrierung ihren Ausgang von der Braunkohle nahm. Sicher wird dieser Rohstoff mit seiner wirtschaftlich gesunden Basis bei der Lösung des Energieproblems noch eine wichtige Rolle zu spielen haben. Konkret ist aber noch nichts davon zu sehen.

9. Kohle in der Welt

Die geologisch vermuteten Steinkohlenvorräte der Welt betragen 10000 Mrd. t. Das würde ausreichen, um den gegenwärtigen deutschen Steinkohlenverbrauch auf 100000 Jahre zu decken. Nun gibt es auch noch andere Verbraucher, und nur ein sehr kleiner Teil dieser Vorräte gilt zur Zeit als abbauwürdig: »nur« 420 Mrd. t. Aber man sieht auch, welch ungeheure Energiereserve in der Kohle liegt. Dazu kommen noch die Weltbraunkohlenreserven von 3500 Mrd. t, wieder bei nur 440 Mrd. t abbauwürdigen Vorräten. An Erdöl sind dagegen heute nur 300 Mrd. t geologisch wahrscheinlich, wovon nur ein Viertel mit Sicherheit gewinnbar ist. Die Hälfte davon liegt um den Persischen Golf. Die Erdgasvorräte der Welt entsprechen im Energiegehalt ungefähr der Hälfte der Ölreserven, sowohl was die sicheren als auch was die wahrscheinlichen Vorräte betrifft. Die sicheren Ölvorräte reichen beim jetzigen Verbrauch nur 30 Jahre, die sicheren Erdgaslager 50 Jahre. Steigt der Verbrauch, verringern sich die Fristen entsprechend.

Von den geologisch wahrscheinlichen Energievorräten der Welt entfallen 72% auf die Steinkohle, 13% auf die Braunkohle, nur 4% auf das Erdöl und 2% auf das Erdgas. Die Kohle bleibt also noch auf lange die Energiehoffnung der Welt. Man spricht schon von einem neuen Kohlenzeitalter. Was das Öl betrifft, so werden die überall eifrig betriebenen Bohrungen das Ende der Ölzeit noch hinausschieben, wie das ja bisher immer wieder geschehen ist. Aber die Grenze kommt. Für den Anbruch des neuen Kohlenzeitalters ist es wesentlich, *wann* sie kommt. Hier tappt man im wogenden Nebel der Prognosen.

Für das Ende der Ölzeit und damit den Beginn der Kohlenzeit werden auch die ölführenden Gesteine, Sand und Schiefer, jetzt wichtig. Die in solchen Gesteinen anstehenden Ölmengen sind ungeheuer. Das Öl in den Ölsanden der ganzen Welt schätzen die Geologen auf 900 Mrd. t, das Öl der Ölschiefer auf weitere 550 Mrd. t. Das ist mehr als das Dreifache der Ölquellenreserven. Es könnte noch 120 Jahre Öl geben. Große Lager an ölführenden Gesteinen gibt es u. a. in USA, Kanada, Brasilien, Venezuela, Australien und der Sowjetunion. Kleinere Lager finden sich in vielen Ländern, auch in Deutschland.

Ölsande und Ölschiefer sind schon lange bekannt. An ihre Ausbeutung konnte man nicht herangehen, weil diese Art der Ölgewinnung sehr teuer ist. Den Ölscheichen ist es zu verdanken, daß auch diese Ölreserve der Welt jetzt in den Bereich der Wirtschaftlichkeit rückt. Bei den jetzigen Ölpreisen halten führende Konzerne die Ölgewinnung aus Sand und Schiefer für interessant.

Die Sande werden mit einer Technik entölt, die an die Untertagevergasung der Kohle (S. 101) erinnert. Durch Bohrlöcher wird Dampf in die Sandschicht eingeblasen, der das zähe Bitumen verflüssigt und zu einem Förderloch treibt, aus dem es herausgepumpt wird. Verwandt ist die Technik, mit der man an die in der Erde verbleibenden Ölreserven abgebauter Ölfelder heranzukommen versucht. Durch ein Bohrloch wird Luft eingeblasen, die eine durch Fernzündung eingeleitete örtliche Verbrennung des Öls unterhält. Das dabei entstehende Kohlendioxyd drückt die Ölreste in Richtung einer Förderbohrung, aus der sie heraufgepumpt werden. Es erscheint ein Gemisch von Wasser und Öl. Da vom Öl wie bei der Kohle der Großteil nach dem Ende der jetzt üblichen Förderung in der Erde verbleibt, sind hier noch hunderte Milliarden Tonnen Öl zu gewinnen. Aber auch diese Methode ist teuer.

In Venezuelas Ölsanden am Orinoco lagert soviel Erdöl wie in Saudi-Arabien. Unter deutscher Beteiligung ist für 1981 eine größere Versuchsanlage zur Ausnützung dieser Lager geplant. Ein Kubikmeter Ölsand kann 0,5 kg Bitumen liefern. Die Entwicklungskosten sind doppelt so hoch wie in den Ölfeldern unter der Nordsee, und diese schon doppelt so hoch wie bei Ölfeldern auf festem Land. Dazu kommen hohe Betriebskosten, und das Bitumen erfordert Kracken und Hydrieren, um Öl zu werden. Man hält heute nur 30 Mrd. t für bedingt wirtschaftlich extrahierbar. Ähnliches gilt für andere Ölsande.

Der Ölschiefer wird im Tagbau gewonnen und in Retorten extrahiert. Einige Ölschiefer werden schon lange für pharmazeutische Zwecke verarbeitet (Seefeld, Pertisau, Messel). Die in Apotheken verkauften Steinöle erbringen rentable Preise. Von den technischen Ölen, deren Preis einen Bruchteil davon beträgt, kann man das noch nicht sagen. Immerhin bereitet jetzt Australien als erstes Land eine großtechnische Ausbeutung seiner Ölschiefervorkommen vor, die soviel Öl enthalten sollen, daß der gegenwärtige Ölverbrauch Australiens auf 12000 Jahre gedeckt wäre. Aus 1 t Schiefer können 60 Liter Rohöl gewonnen werden. Die Erschließungskosten des Rundle-Lagers in Queensland werden 2 Mrd. Dollar betragen. Unter Beteiligung von Esso wird eine Großversuchsanlage gebaut, die mit einer Lurgi- und einer amerikanischen Retorte arbeiten wird. Sie soll täglich 300 t Öl und Gas erzeugen. Die Gesamtreserven dieses Lagers werden auf 1 Mrd. t Öl geschätzt. Auch das Bitumen der Ölschiefer muß durch Kracken und andere Verfahren zu Öl verarbeitet werden.

Deutsche Ölschiefer finden sich u.a. in Braunschweig, Niedersachsen und Nordbayern. Man schätzt die Ölvorräte auf einige Millionen Tonnen. Einen entscheidenden Beitrag zur Ölversorgung können diese Lager nicht leisten, aber ihre Nutzbarmachung wäre gewiß zu begrüßen.

Weltkohle – woher?

Wir haben einen Abstecher zu den Ölgesteinen gemacht, weil das Gelingen oder Mißlingen dieser Pläne den Zeitpunkt beeinflussen kann, an dem man mit den Kohleveredlungsprojekten Ernst macht. Gibt es genug Öl, wenn auch zu Scheich-Preisen, so wird man sich mit den ungeheuren Investitionen für die Vermehrung und Veredlung der Kohle noch weniger beeilen. Auch darüber wird man erst in zehn Jahren Bescheid wissen. Die Energierechnung ist eine Gleichung mit vielen Unbekannten.

Immerhin stellt man Berechnungen darüber an, wie es mit der Kohlenversorgung der Welt steht, wenn das Öl wirklich knapp wird. Die großen Kohlenreserven liegen außerhalb der Westhälfte Europas. Sie liegen in Nordamerika, Sibirien und China (der nördliche Gürtel, zu dem auch die deutschen und englischen Kohlenlager gehören), dann auch in Australien, Indien und Südafrika (der südliche Gürtel). Über die wahrscheinlich großen Lager Südamerikas ist noch wenig bekannt.

Die russischen Lager liegen zu einem großen Teil in den nördlichen Gebieten des »Permafrosts«, des dauernd gefrorenen Bodens, in dem ein Bergbau mit bisher bekannten Mitteln als unmöglich gilt.

Auch sonst ist es ein Nachteil der großen Weltkohlenvorräte, daß sie teils wie bei uns in großer Tiefe liegen, teils zwar nahe der Oberfläche, aber in unzugänglichen Gegenden. Ungeheure, im Westen der USA den Tagbau gestattende Steinkohlenlager konnten aus Mangel an Verkehrswegen bisher nicht erschlossen werden. Ein großes Transportsystem müßte geschaffen werden, ehe man an einen Abbau denken kann. Auch dort behindert der Protest der Agrarinteressenten und Umweltschützer die Entwicklung. Man wird dennoch in absehbarer Zeit an die Erschließung dieser Gebiete gehen, aber es wird Jahrzehnte dauern, bis man von dort mit einer massiven Ergänzung der Kohlenproduktion für den amerikanischen Inlandsbedarf oder gar den Export rechnen kann.

Nur ein Zehntel der geologisch wahrscheinlichen Steinkohlenvorräte der Welt gilt als sicher, und davon nur die Hälfte als abbauwürdig. Der letztere Begriff wird sich auch hier wandeln, aber für die nächste Zeit zieht er dem Bergbau eine Grenze. Nach den Schätzungen von 1977 verteilen sich geologische und abbauwürdige Reserven der wichtigsten Länder wie folgt:

Steinkohlen-Reserven	geologische	abbauwürdige
	Mrd. t	
USA	1400	113
China	1500	100
USSR	4000	83
England	160	45
Indien	80	33
Südafrika	45	27
Deutschland	230	24
Polen	120	20
Australien	200	18

Die Weltkohlenförderung beträgt zur Zeit etwa 2,6 Mrd. t. Die abbauwürdigen Vorräte reichen also beim jetzigen Verbrauch rund 200 Jahre, ähnlich wie in Deutschland. In Ländern wie Amerika und der Sowjetunion ist das Wachstum der Kohlenförderung durch die Hinwendung zum Öl nicht beeinträchtigt worden. In Amerika hat sie in der letzten Zeit wegen des Wettbewerbs des Erdgases um etwa 10% abgenommen, ist aber immer noch viel höher als vor zwanzig Jahren. China verbraucht seine große Produktion selbst.

Es fragt sich nun, wieweit die Länder mit den großen Kohlenreserven, abgesehen von der Deckung ihres steigenden Eigenbedarfs, etwas für die Energieversorgung der anderen Länder tun können, wenn das Öl knapp wird. Zu bedenken ist jedenfalls, daß die Hälfte der abbauwürdigen Kohlenvorräte in kommunistischen Ländern liegt. Sich in der Energieversorgung von diesen abhängig zu machen, wäre für die Länder des Westens ein großes politisches Risiko.

Kein Weltkohlenhandel

Man muß zunächst feststellen, daß es einen Weltkohlenhandel zur Zeit fast nicht gibt. Einst war er bedeutend, denn in jedem Hafen mußten Kohlen bereitliegen, wenn die Dampfer bunkern wollten. Heute pumpen sie Öl für ihre Motoren aus den Tanks. Der Weltkohlenhandel bewegt zur Zeit nicht viel über 100 Mio t Kohle, wovon ein großer Teil auf Koks und Kokskohle entfällt. Die Hauptexporteure sind (in % ihres Anteils): USA 40, Australien 31, Kanada 12 und Südafrika 11. Der größte Importeur ist Japan (55%), dann folgt Westeuropa (38%), bisher ohne Deutschland. Der innere Kohlenhandel Westeuropas ist hierin nicht inbegriffen; er hält sich in der Größenordnung der für den deutschen Kohlenexport genannten Ziffern. Die Weltkohlenströme ziehen von USA und Kanada nach Japan, von USA auch nach Westeuropa, von Australien nach Japan, das auch polnische Kohle zu kaufen beginnt.

Die Weltenergiekonferenz von 1977 hat eine Verdoppelung der Weltkohlenförderung auf 5,8 Mrd. t bis zum Jahre 2000 für notwendig erklärt. Die zusätzlichen 2,6 Mrd. t können maximal 1,3 Mrd. t Erdöl ersetzen, also weniger als die Hälfte des jetzigen und nur ein Drittel des für das Jahr 2000 erwarteten Verbrauchs, wenn die gesamte Neuförderung diesem Zweck zugeführt würde. Das ist aber nicht zu erwarten, denn ein Großteil der neuen Kohle wird anderweitig benötigt werden, vor allem für Verstromung. Nun wird die Ölversorgung im Jahre 2000 voraussichtlich nicht auf die Hälfte geschrumpft sein, aber es wird erwartet, daß der jetzt nur 25% betragende Anteil der Kohle an der Weltenergieversorgung (wovon 60% verstromt werden) auch so erheblich steigen wird.

Eine von der Technischen Universität von Massachusetts in Boston unter Mitwirkung von Fachleuten aus 16 Ländern ausgearbeitete Studie von 1980 verlangt bis 2000 sogar eine Verdreifachung des Weltkohleneinsatzes und eine Verzehnfachung des Weltkohlenhandels, der 1 Mrd. t über die Meere fahren soll. Sie fordert eine jährliche Erhöhung der Förderung um 5%. Dabei setzt sie auch Kohleveredlung großen Stils voraus. Sie rechnet mit einem Wirtschaftswachstum der Welt von 3% jährlich. Die Milliarde Welthandelstonnen soll die Hälfte des jetzigen Orientöls ersetzen.

Woher soll die Kohle für einen Welthandel von 1 Mrd. t kommen? Nur Amerika und Australien werden laut dieser Studie am Ende des Jahrhunderts in der Lage sein, mehr als 100 Mio t jährlich zu exportieren. Die USA sollen um diese Zeit 350 Mio t, Australien 200 Mio t jährlich liefern. Der Rest soll aus Kanada, Polen, der Sowjetunion, China, Südafrika und Indien kommen. Das letztere besitzt große Kohlenlager, die es zur Zeit infolge geringer Industrialisierung nicht für eigene Zwecke ausnützen kann. Der Kohlenexport soll hauptsächlich nach Westeuropa und Japan gehen.

Beim jetzigen Kohlenpreis von 35 Dollar je Tonne soll der amerikanische Kohlenexport am Jahrhundertende zusätzliche Deviseneinnahmen von 12 Mrd. Dollar im Jahr bringen und die amerikanische Zahlungsbilanz erheblich verbessern. Man darf diesen Ausklang der Studie wohl als den wesentlichen Zweck dieser Milchmädchenrechnung ansehen.

Eine offene Frage bleibt es, wie dieses Programm verwirklicht werden soll. Zunächst muß die Kohlenförderung in den präsumptiven Exportländern gewaltig gesteigert werden. Die USA müßten ihre Kohlenförderung von 615 Mio t um mehr als die Hälfte erhöhen, um 350 Mio t ausführen zu können, vorausgesetzt, daß die ganze Zunahme dem Export zugeführt werden könnte. Das ist aber nicht zu erwarten, da auch eine starke Erhöhung des amerikanischen Inlandsverbrauchs vorgesehen ist. Ein Export von 350 Mio t würde praktisch mindestens eine Verdoppelung der jetzigen Förderung voraussetzen.

Ob Amerika das bis zum Jahre 2000 schafft, ist technisch wie wirtschaftlich problematisch. Was die wirtschaftliche Seite betrifft, so existiert der erwartete Weltkohlenmarkt noch nicht. Es gibt vorläufig Öl genug und wird vielleicht zeitweise noch mehr geben. Die amerikanische Kohlenindustrie arbeitet rein kommerziell und erhält keine Subventionen. Sie wird angesichts der ungeheuren notwendigen Investitionen die Marktaussichten nüchtern prüfen und sich nicht auf eine fragwürdige Futurologie verlassen. Zusätzliche Mengen in der Größenordnung von 50 Mio t kann sie unter Ausnützung vorhandener Kapazitäten bald liefern, aber zu 350 Mio t dürfte der Weg weit sein.

Auch Indien, Südafrika und die anderen als Lieferanten in Aussicht genommenen Länder müssen erst neue Lagerstätten erschließen, ehe sie als Versorger in Betracht kommen. Die Zunahme ihres eigenen Bedarfs ist eine weitere Unbekannte in der Rechnung. Es wird geraume Zeit dauern, ehe Kohle aus diesen Gebieten in die Industrieländer fließt. China verspricht bisher keine nennenswerten Lieferungen, will aber deutsche technologische Hilfe für seinen nicht gerade modernen Kohlenbergbau. Trotzdem gibt es Leute, die ernstlich davon reden, Ruhrkohle durch chinesische Kohle zu ersetzen. (Allein die Kohlenfracht von China nach Hamburg würde 100 DM/t betragen.) Was die Sowjetunion betrifft, so wird der russische Inlandsbedarf sicher so steigen, daß Exporte von hunderten Millionen Tonnen unwahrscheinlich sind. Die politische Bedenklichkeit solcher Lieferungen wurde schon erwähnt. Über die neuestens auf australische Kohle gesetzten Hoffnungen sprechen wir gleich noch.

Angenommen, all diese Kohle könnte bereitgestellt werden – wie soll sie über die Meere zu den Verbrauchern transportiert werden? Eine ausreichende Flotte von Kohlentransportern existiert nicht, weil der Weltkohlenhandel so gering ist. Zehnmal soviel Schiffe wie bisher müßten erst gebaut werden. Neue große Typen müßten für einen rationellen Transport konstruiert werden. Über Riesenschiffe für Kohle fehlen alle Erfahrungen. Die neueste Geschichte der Riesenöltanker zeigt, welche Probleme hier warten. Daß diese Flotte in Bau gegeben wird, solange die Kohle noch nicht da und ihr Absatz nicht gesichert ist, außer in den Papieren der Prognostiker, darf bezweifelt werden.

Zu dieser Flotte gehört eine Infrastruktur: Häfen mit Lade- und Entladeanlagen für noch nie dagewesene Kohlenmengen, Bahnen und Kanäle für die Anfahrt oder den Weitertransport der Kohle. Das alles gehört zu einem neuen Kohlenzeitalter, aber es kann nicht über Nacht geschaffen werden.

Man diskutiert u.a. den Gedanken, Kohle zerkleinert in Wasser zu suspendieren und durch lange Rohrleitungen zu pumpen. In Amerika gibt es schon einige solche Rohrleitungen. Über die Wirtschaftlichkeit sind die Meinungen geteilt. Die Kohle muß zu einem Brei verarbeitet und aus dem Brei wiedergewonnen, dann getrocknet werden. Der Materialverlust ist groß, weil die feineren Teilchen nicht zurückgewonnen werden können. Die Verluste gehen bis zu 25%. Der Kohlenbrei käme teuer. Dennoch existiert allen Ernstes ein Projekt, amerikanische Kohle in Antwerpen zu entladen und durch eine solche Rohrleitung als Brei nach Essen, ins Herz des Ruhrgebiets, zu pumpen. Das wäre wohl der krönende Schildbürgerstreich ...

Kohlenhoffnung Australien?

Was Australien als Kohlenlieferant betrifft, so fördert dieser Kontinent jetzt 70 Mio t Steinkohle im Jahr, wovon die Hälfte exportiert wird, hauptsächlich nach Japan. Man ist dabei, an der Ostküste riesige neue Kohlenfelder zu erschließen. Die Kohle ist hier im Tagbau zu gewinnen. Die Vorräte bis zu 500 m Teufe werden auf nicht weniger als 200 Mrd. t geschätzt, nachdem man bisher nur ein Zehntel dieser Menge an abbauwürdigen Reserven in Australien vermutet hatte. Die Ziffer bedarf noch der Nachprüfung, aber sicher ist eine große Förderung zu erwarten.

In einem Gebiet, das bisher Wüste war, schießen Baggeranlagen, Bergarbeiterstädte, Bahnen und Häfen aus dem Boden. Man hofft in vier Jahren schon Kohle fördern zu können.

Wieviel? Die Ruhrkohle AG hat sich an einem der Felder einen Anteil von einem Sechstel gesichert; die anderen Anteile hält eine anglo-australische Gruppe, der neben Shell auch die englische staatliche Kohlenbehörde (in England ist der Kohlenbergbau verstaatlicht) angehört. Die Ziffern sind vorläufig nicht erschütternd. Die Investitionen werden auf 720 Millionen DM veranschlagt, womit man zwar in einem Land, wo die Bergbauinvestitionen für die gleiche Förderung nur ein Drittel soviel betragen wie im Ruhrgebiet, einiges anfangen kann, aber die Produktionsplanung bewegt sich zunächst nur in der Größenordnung von ein oder zwei Schächten an der Ruhr. Die neue Gesellschaft will 2 oder 3 Mio t jährlich fördern und rechnet mit Rentabilität. Die geförderte Kokskohle wird nach Japan gehen. Man hofft, in der Nähe auch Kraftwerkskohle zu erschließen. Die australischen Kohlengesellschaften sind auch sonst keine Giganten: die größte ist die in amerikanischem Besitz befindliche Uta-Gesellschaft, die bisher ganze 16 Mio t Kohle jährlich fördert. Alles andere ist Zukunftsmusik. Der Markt für 200 Mio t Exportkohle im Jahr muß erst noch entstehen.

Auf dem nahegelegenen japanischen Markt wird es zu verschärfter Konkurrenz mit Amerika kommen, dem Australien hier einen Frachtvorteil voraus hat.

Australische Kokskohle kostet zur Zeit frei australischem Hafen 48 bis 55 Dollar die Tonne. Der australische Dollar notiert höher als der amerikanische und ist mit 2 DM anzusetzen. Die Kohle kostet also 96 bis 110 DM. Kohle ist sehr frachtempfindlich, was eine grundsätzliche Schwierigkeit für den Weltkohlenhandel bedeutet. Die Fracht von Australien nach Europa beträgt 30 Dollar oder 60 DM für die Tonne, verteuert also die im Vergleich zu Amerika ohnedies nicht billige Kohle um 60%. Frei Hamburg würde australische Kohle ohne Zoll 156 bis 170 DM die Tonne kosten. Ruhrkohle kostet 175 DM. Auch wenn australische Kraftwerkskohle etwas billiger sein sollte, scheint es nicht vertretbar, wegen einer so geringen Preisdifferenz die Australkohle der Ruhrkohle vorzuziehen.

Im übrigen mag die deutsche Beteiligung in Australien eine erfreuliche Teilnahme am japanischen Kohlengeschäft bringen, aber eine energiepolitische Hilfe für Deutschland läßt sich davon nicht erwarten. Jeder Partner der neuen australischen Kohlengesellschaft hat einen Bezugsanspruch auf Kohle nur im Ausmaß seines Aktienanteils (soweit es die australische Regierung erlaubt). Das läuft hier auf 0,5 Mio t jährlich hinaus, soviel wie ein einziger Ruhrschacht in drei Monaten fördert.

Zudem macht die australische Regierung, die den neuen Kohlenexport streng zu kontrollieren und niedrige Exportpreise zu verhindern gedenkt, kein Hehl daraus, daß sie es vorziehen würde, die Kohle (ausgenommen natürlich Kokskohle) im Lande zu veredeln. Sie hat Pläne für eine einheimische Hydrierindustrie, die gleich auf dem Kohlenfeld arbeiten soll. Erst das produzierte Öl soll exportiert werden. Führende deutsche Fachfirmen der Kohleveredlung, darunter die allgegenwärtige Lurgi, arbeiten im Rahmen eines Technologie-Transfer-Abkommens, an dem Deutschland und

Australien je zur Hälfte beteiligt sind, mit der australischen Regierung auf diesem Gebiet zusammen.

Öl aus USA-Kohle?

Im Gegensatz zu der noch mythischen Australkohle sind die amerikanischen Kohlenlieferungsangebote oder -wünsche durchaus greifbar. Staatssekretär Sawhill vom amerikanischen Energieministerium legte bei einem Besuch in Bonn im Frühjahr 1980 dar, daß Amerika bis 1990 seine Kohlenausfuhr auf 80 bis 100 Mio t zu erhöhen gedenkt. Er forderte die deutsche Regierung in dem Ton, in dem ein Oberherr seine Vasallen anzusprechen pflegt, zu einer Lockerung der Kohleneinfuhrbeschränkungen auf. Ferner solle sie die Öl- und Gasgewinnung aus Kohle fördern. Aus amerikanischer Kohle, nicht deutscher, versteht sich. Auch den Franzosen, Engländern, Italienern und Japanern erteilte er ähnliche Weisungen.

Amerika bietet billige Kohle an. Für den jetzigen Export stehen genug Transportschiffe zur Verfügung, eine Verdoppelung wird allerdings den Zubau vieler Schiffe mit entsprechenden Bauzeiten erfordern. Die Kohlenfracht beträgt auf der Atlantik-Strecke etwa 30 DM für die Tonne. Bei einem Preis von 80–90 DM/t ohne Zoll wird der amerikanische Lieferant 50–60 DM für die Tonne einnehmen, also 26 bis 32 Dollar. Der amerikanische Inlandskohlenpreis liegt laut dem Bostoner Bericht bei 35 Dollar. Die Kohle wird im Ausland billiger angeboten als im Inland. Der Verkauf muß nicht verlustbringend sein, weil die Produktionssteigerung die Kosten senkt. Bei billigen Kohlen wie Illinois Nr. 6, die für Hydrierzwecke in Betracht kommen, könnte sich ein beträchtlicher Gewinn ergeben. Man erkennt einen neuen Aspekt der eifrigen amerikanischen Teilnahme an deutschen Hydrierversuchen.

Freilich ist der billige Preis der amerikanischen Kohle

wohl als ein Werbepreis anzusehen und auch sonst nicht für die Ewigkeit garantiert. Zunächst hängt er eindeutig von den Wechselkursen ab, die in der heutigen Weltwirtschaft stark willkürlichen Charakter tragen und mehr ein Instrument der Handelspolitik als der Ausdruck wirtschaftlicher Tatsachen sind. Würde der Dollar noch 4 DM kosten statt 1,90 DM, wäre die amerikanische Kohle kaum konkurrenzfähig, ungeachtet der günstigen Produktionsbedingungen in Amerika. Die Wechselkurse können sich ändern, obwohl es hier mit der deutschen Unabhängigkeit nicht sehr gut bestellt ist. Die Wiege der vielen Markaufwertungen stand nicht immer in Bonn. Jedenfalls will es überlegt sein, wie weit man die Energiepolitik auf den Sand eines künstlichen Währungsverhältnisses bauen soll.

Es ist zu erwarten, daß die Kohlenlieferanten, und das gilt nicht nur für Amerika, die Preise erhöhen werden, sobald der Kunde von den Lieferungen abhängig geworden ist. Auch langfristige Verträge, zu denen manche wegen der jetzigen günstigen Preise drängen, bieten keinen Schutz dagegen. Die Erdgasverträge mit Holland, Algerien und der Sowjetunion haben kräftige Preiserhöhungen nicht verhindert. Mit der billigen Importkohle wird es gehen wie mit dem billigen Orientöl. Sobald man sich von ihr abhängig gemacht hat, wird die Rechnung für die kurze Billigkeitsblüte präsentiert werden. Will man die Fehler der Ölpolitik der sechziger Jahre wiederholen und kurzsichtig dem Augenblicksvorteil nachjagen, ohne an die Folgen zu denken? Angesichts der langen Dauer des Baues neuer Bergwerke wird man auch das nächstemal auf den Preiswucher nicht schnell mit dem Rückgriff auf heimische Kohle antworten können, zumal massive etablierte Lieferinteressen eines mächtigen Verkäufers noch stärkeren Einfluß auf energiepolitische Entschlüsse ausüben werden.

Beschließt man, Öl aus amerikanischer Kohle zu erzeugen statt aus deutscher, so wird sich bald die Frage erheben, ob man das nicht lieber gleich in Amerika machen soll. Wirtschaftlich hätte das etwas für sich. Kohleöl in USA zu erzeugen und in Tankern nach Deutschland zu transportieren, wäre schon von der Frachtfrage her rationeller, als die sperrige Kohle über den Atlantik zu fahren und, belastet von den Frachtkosten, hier zu veredeln. Die Öltankerflotte der Welt ist unterbeschäftigt und könnte das Transportproblem einer Kohlenflotte umgehen helfen. Öl ist nicht so frachtempfindlich wie Kohle, der Frachtanteil würde den Preis nicht sehr beeinflussen.

Die große deutsche Beteiligung an amerikanischen Kohleveredlungsversuchen wie SRC II läßt an solche Möglichkeiten oder Pläne denken. Ganz allgemein ist bei den Ländern mit viel Kohle die schon im Fall Australiens vermerkte Tendenz zu sehen, die Kohleveredlung selbst in die Hand zu nehmen und statt des Rohstoffs lieber das daraus erzeugte Öl zu exportieren. Daraus wird eine neue Ölabhängigkeit folgen. Höchstens bei der Vergasung wird es vielleicht lohnender sein, billige Kohle einzuführen und in Deutschland in SEG umzuwandeln, weil Gas nur verflüssigt übers Meer befördert werden kann, was große Kosten und Verluste mit sich bringt. Von den großen Hydrierplänen wird aber nicht viel übrigbleiben, wenn man auf die deutsche Kohlenbasis verzichtet.

Von russischer Seite ist vorgeschlagen worden, sibirische Kohle in Wasser suspendiert durch 4000 km lange Rohrleitungen nach Deutschland zu pumpen. Mag die russische Staatswirtschaft, die jeden Preis willkürlich festsetzen kann, zunächst auch an einen billigen Kohlenpreis denken, ist ein solcher Plan wirtschaftlich offenkundig Irrsinn. Wenn man in Sibirien Öl aus Kohle machen und dieses Öl nach dem Westen pumpen würde, würden die Transportkosten nur ein Viertel der Pumpkosten des Kohlenbreis ausmachen. Vermutlich steht ein solcher Gedanke in der Tat hinter dem russischen Vorschlag. Aber in beiden Fällen wäre es politisch sehr bedenklich, auf diesen Köder anzubeißen.

Die Importkohleneuphorie

Die Importkohleneuphorie, wie sie jetzt im Zusammenhang mit der Energiefrage in Deutschland propagiert wird, erinnert an die Öleuphorie der sechziger Jahre. Während diese immerhin auf einer realen Grundlage beruhte, denn das billige Öl war wirklich da, gründet sich der Importkohlenoptimismus auf leichtfertige, papierene Spekulationen über noch nicht existierende Weltkohlenmengen. Nur die amerikanische Kohle ist in absehbarer Zeit realisierbar, aber die Erreichung energiepolitisch entscheidender Mengen wird auch hier soviel Zeit beanspruchen wie der Bau neuer deutscher Bergwerke, und was dann kommt, ist unschwer vorauszusehen. Mit Speck fängt man Mäuse. Ein näherer Lieferant wäre Polen. Wieviel es aus ehemals deutscher Kohle in Oberschlesien liefern kann und will, steht noch nicht fest, abgesehen von der politischen Seite der Schaffung einer Abhängigkeit von dieser Quelle. Aber ein deutscher Kredit zur Erschließung neuer polnischer Kohlenlager ist 1980 schon zugesagt worden ...

Die Unsicherheit ausländischer Lieferungen wird auch durch den Erwerb von Beteiligungen an überseeischen Kohlenvorkommen durch deutsche Unternehmungen nicht vermindert. Wenn die betreffenden Regierungen die Kohlenausfuhr beschränken oder an Preisauflagen binden, kann der deutsche Aktionär nichts tun. Erfahrungen mit Ölanteilen in England und Libyen haben das erst kürzlich bestätigt. Die Gefährdung überseeischer Verbindungswege im Falle internationaler Verwicklungen bedarf keiner besonderen Erwähnung.

Vorderhand liegen in jeder Hinsicht nur Prognosen, Projekte und tastende Versuche vor. Zur Zeit genügt der deutsche Kohlenmarkt noch nicht einmal, um den einheimischen Bergbau voll auszulasten. Wäre nicht das Problem der Ölsubstitution aufgetaucht, würde man so wenig von Kohlenimporten sprechen wie bisher. Immerhin hat das dritte Verstromungsabkommen schon den bisher der heimischen Kohlenproduktion vorbehaltenen Markt angenagt; ab 1987 darf für jede verstromte Tonne deutscher Kohle eine Tonne ausländischer Kohle in den Kraftwerken verfeuert werden. Die Bergarbeitergewerkschaft hat protestiert; sie sieht hier eine Gefahr für den deutschen Kohlenbergbau.

In der Tat ist eine Tendenz erkennbar, die Kohleneinfuhrfrage von der Öl- und Gasgewinnung aus Kohle, von der sie ihren Ausgang genommen hat, unmerklich zum sonstigen Kohlenverbrauch zu verschieben. Hier ist aber für Importkohle noch kein Markt vorhanden, wenn man ihn nicht auf Kosten des mühsam sanierten deutschen Kohlenbergbaus schaffen will. Das will nicht einmal der wissenschaftliche Beirat beim Bundeswirtschaftsministerium, dessen 29 Wirtschaftsprofessoren sich für die vollständige Freigabe der Kohleneinfuhr einsetzen. Sie sind dafür, auch dann die einheimische Kohlenindustrie mit Produzentensubventionen am Leben zu erhalten. Die deutsche Kohlenpolitik ist, soviel man sehen kann, weiter nur auf die Erhaltung eines »Sokkels« gerichtet, wie er bisher dank der Fernhaltung der Auslandskohle existieren konnte. Ob er sich auch bei freier Konkurrenz der zunächst billigen Importkohle halten könnte?

Eine Untersuchung des vielschichtigen Problems der Kohlenpolitik ergibt, daß eine Umstellung auf ausländische Kohle keine gültige Alternative zur Förderung der heimischen Kohlengewinnung ist, auch wenn man die Frage nicht nur vom nationalen Blickpunkt, sondern einfach realistisch im Hinblick auf Durchführbarkeit und Wirtschaftlichkeit betrachtet. Die Versorgung Deutschlands mit Importkohle zu billigen Preisen in solchen Mengen, daß die Öleinfuhr ersetzt werden könnte, ist in keiner Weise gesichert. Weder technisch noch wirtschaftlich oder gar politisch sieht es so aus, als ob man alles auf diese Karte setzen könnte. Die deutsche Kohle ist sicherer – und auf die Dauer wird sie auch nicht teurer sein.

Man wird für die erste Etappe eines größeren Kohlenprogramms nach dem früher Gesagten nicht mehr als 60 Mio t zusätzliche Steinkohle im Jahr ins Auge fassen können, die 25 Mio t Erdöl ersetzen sollen. Der Wert dieses Erdöls beträgt beim jetzigen Preis 11 Milliarden DM. Die ministerielle Studie von 1973 sah für die Kohleveredlung nicht nur jährliche Subventionen vor, sondern auch einmalige verlorene Investitionszuschüsse. Diese Ausgaben überstiegen nach den damaligen Preisen den Wert des eingesparten Erdöls. Die zu erwartenden, vom Staat zu deckenden Verluste der Veredlungsindustrie waren wegen der großen damaligen Preisspanne zwischen Erdöl und Kohleöl weit höher, als sie es heute sind. Eine Hydrierindustrie kann jetzt wegen der Ölpreissteigerung wesentlich höhere Erlöse für ihre Produkte erwarten.

Nach Schätzungen von 1980 könnte die Erzeugung von schwerem Heizöl und Erdgas aus deutscher Steinkohle bei einem Kohlenpreis von 80 DM/t wirtschaftlich werden. Dies ist auch der Preis, auf dem die Pläne für die Einfuhr ausländischer Hydrierkohle beruhen. Dieser Preis dürfte allerdings nur bei amerikanischer Kohle zeitweilig verwirklichbar sein.

Am einfachsten wäre es, den Preis deutscher Steinkohle für Hydrierungszwecke auf 80 DM/t herunterzusubventionieren. Man wird sich voraussichtlich auf die sparsamen Methoden der Heizöl- und Erdgaserzeugung konzentrieren, weniger auf die mehr Kohle erfordernden Treibstoffe. Bei der Erzeugung von Heizöl fallen übrigens erhebliche Mengen Benzin als Nebenprodukt ab, so daß auch hier eine merkliche Verbesserung der Versorgung aus eigenen Mitteln eintreten würde.

Um 60 Mio t Steinkohle von 180 DM/t auf 80 DM/t herunterzusubventionieren, wäre ein Jahreszuschuß von 6 Mrd. DM erforderlich. Das wäre eine Verdoppelung der jetzigen Stützungsausgaben für den Steinkohlenbergbau. Die Summe läge immer noch weit unter dem Betrag, den Deutschland jedes Jahr für die Agrarpolitik der EWG zahlt. Vorsichtshalber wird man den Subventionsbedarf um ein Drittel höher schätzen, da sich noch nicht alle Faktoren überblicken lassen. Ein Subventionsbedarf von 8 Mrd. DM jährlich dürfte realistisch sein. Er sollte für die deutsche Wirtschaft noch tragbar sein.

Man hat Bedenken wegen der Schaffung einer weiteren subventionierten Industrie geäußert, aber wenn man darauf verzichtet, subventioniert man statt einer eigenen Industrie die Ölscheiche. Eine Kürzung der Öleinfuhr um 25 Mio t jährlich würde die Handels- und Zahlungsbilanz um 11 Mrd. DM entlasten. Das Öl würde nicht billiger, aber das Geld bliebe im Lande.

Eine Verminderung der Ölnachfrage um 25 Mio t bliebe wohl nicht ohne Wirkung auf den Markt. Die Preispolitik der Ölscheiche würde vorsichtiger werden, zumal vermutlich nicht nur in Deutschland Öl aus Kohle gemacht würde. So könnten sich noch Vorteile für die Verbraucher ergeben, die volkswirtschaftlich einen Teil der Subventionen ausgleichen würden. Könnte man übrigens Braunkohlenreserven für die Veredlung mobilisieren, käme man mit etwa der Hälfte der vorhin geschätzten Subventionsziffern aus. Aus schon besprochenen Gründen wird aber die Steinkohle im Mittelpunkt des Problems stehen.

Der deutsche Anteil an den EWG-Subventionen für die deutsche und weitgehend auch die ausländische Landwirtschaft beziffert sich jetzt auf 12 Mrd. DM im Jahr. Dazu kommen außerhalb der EWG liegende nationale Stützungsmaßnahmen für die Landwirtschaft; ferner hat der Verbraucher eine große Preisdifferenz gegenüber den Weltmarktpreisen für Agrarprodukte zu tragen. Die Gesamtbelastung durch den Agrarschutz übersteigt 20 Mrd. DM jährlich. Damit könnte man eine Ölerzeugung aus Kohle subventionieren, die zwei Drittel des Bedarfs decken würde (wenn man in absehbarer Zeit soviel Kohle fördern könnte). Eine Subventionslast von 8 Mrd. DM für ein maßvolles Öl- und Gasprogramm erscheint daneben bescheiden.

Die Unsinnigkeit der EWG-Agrarpolitik ist bekannt. Es sei auf die Studie von Prof. Zurek (1980) verwiesen. Eine sinnvollere Subventionspolitik, für die gute Vorschläge vorliegen, würde die Überproduktion verhindern und Milliarden für andere Zwecke freisetzen. So absurd das jetzige EWG-System mit seiner Überschußproduktion, Einlagerung und Verschleuderung von Produkten ist, wird doch niemand die Landwirtschaft ohne Subvention lassen oder gar wegen »Unwirtschaftlichkeit« einstellen wollen. Man soll die Stützung aber vernünftiger gestalten.

Die deutsche Landwirtschaft hat wie der Steinkohlenbergbau stets des Schutzes durch Zölle und Subventionen bedurft. Wir brauchen hier nicht die hundertjährige Diskussion über Freihandel und Schutzpolitik aufzuwärmen oder das altehrwürdige Beispiel von Rohr- und Rübenzucker noch einmal durchzuackern, um zu erkennen, daß gewisse heimische Erzeugungszweige eben geschützt werden müssen. Die Kosten des Schutzes werden von den indirekten Vorteilen, die er bringt, aufgewogen, abgesehen von politischen Notwendigkeiten. Das gilt für die Landwirtschaft ebenso wie für die Kohleveredlung.

Aufbringung der Subventionen

Anders als in der Landwirtschaft ist von einer Stützung der Kohleveredlung keine Überproduktion zu befürchten, denn die verfügbare Kohle ist begrenzt. Eine staatliche Abnahmegarantie wie in der Landwirtschaft wäre nicht notwendig. Auch für die Landwirtschaft rufen immer mehr Stimmen nach einer Ersetzung dieser Methode durch einfache Erzeugersubvention im Rahmen einer Marktwirtschaft. Bei Öl und Erdgas aus Kohle würde eine Sicherung des Inlandmarktes nach dem Muster der Koks- und Kraftwerkskohle ausreichen. Die möglichen Schwankungen des Subventionsbedarfs mit den Kohlen- und Ölpreisen müssen freilich einkalkuliert werden; sie können sich nach oben wie nach unten auswirken.

Für die Aufbringung der Subventionen für die Kohleveredlung sind schon verschiedene Vorschläge gemacht worden, die von einer Erhöhung der Einkommen- oder auch nur der Mineralölsteuer bis zur einfachen Umlegung auf den Preis aller Ölprodukte bzw. des Erdgases reichen. Ein »Kohlepfennig« würde die betreffenden Produkte um 10 bis 15% verteuern, also einen Bruchteil der Verteuerung, die man im abgelaufenen Jahrzehnt hinnehmen mußte und trotzdem überstanden hat. Die Einsparung eines solchen Betrags rechtfertigt nicht die Alternative einer massiven Kohleneinfuhr, deren Billigkeit sich ohnedies als vorübergehend erweisen würde.

Es mag vom Standpunkt der Gewinn- und Verlustrechnung als ein schlechtes Geschäft erscheinen, 8 Mrd. DM als Zuschuß zu verausgaben, um für 11 Mrd. DM Erdöl einzusparen. Von einem höheren Standpunkt gesehen, ist das der Preis, der für eine Verringerung der drückenden Abhängigkeit von importierten Energieträgern gezahlt werden muß. Es ist ein hoher, aber vertretbarer Preis.

Literaturhinweise

Anderheggen, E.: Haben wir genug Kohle für die Zukunft? Umschau *80*, 230 (1980).

Arndt, E.: Nukleare Vergasung. Erdöl u. Kohle *32*, 77 (1979).

BASF (Bad. Anilin- und Sodafabrik), Schriftenreihe des Firmenarchivs 5 (Hrsg. A. v. Nagel): Stickstoff-Methanol-Treibstoffe. Ludwigshafen 1960.

Beckervordersandforth, P.: Untertagevergasung. Erdöl u. Kohle *31*, 263 (1978).

Benthaus, F.: Kohlengewinnung. Erdöl u. Kohle *31*, 135 (1978).

Brennstoffministerium der USSR: *Hydrogenation of Coal.* Unido Wien 1971.

Buch, A.: Kohle. München 1979.

Büchner, F.: 125 Jahre Geschichte der Gutehoffnungshütte. Oberhausen 1935.

Bundesministerium für Forschung und Technologie (Hrsg. H. Pichler): Herstellung flüssiger Kraftstoffe aus Kohle. Bonn 1973.

Bundesministerium für Wirtschaft: Gutachten des wissenschaftlichen Beirats zur Energiefrage. Bonn 1979.

Dryden, J.C.G.: *Carbonization and Hydrogenation of Coal.* Wien und New York 1973 *(United Nations Publications).*

Geserich, H.P.: Nullwachstum als Gleichgewichtszustand. Scheidewege *10*, 169 (1980).

Giesel, H.: Energievorräte. Erdöl u. Kohle *30*, 544 (1977).

Hammer, H.: Methanisierung. Erdöl u. Kohle *30*, 132 (1977).

Hüttinger, K.S., Kissmann, H.: Methan. Erdöl u. Kohle *31*, 325 (1978).

Keiser, G.: Die Energiekrise. München 1979.

Kleinherne, H.: Die Reserven der deutschen Steinkohle. Umschau *80*, 232 (1980).

König, A.: Methanol als Treibstoff. Erdöl u. Kohle *31*, 362 (1978).

Korbmann, R.: Fabriken in der Unterwelt. Umschau *80*, 227 (1980).

Lurgi GmbH: Gas und Treibstoffe aus Kohle. Frankfurt 1979.

Michaelis, H.: Kernenergie. München 1977.

Neumann, R.: Kohlenvorräte der Welt. Erdöl u. Kohle *32*, 505 (1979).

Petraschek, W.E.: Kohle. Berlin 1956.

Pusch, G.: Tertiärölgewinnung. Erdöl u. Kohle *30*, 13 (1977).

Ruhrkohle AG (Konsortium RAG-Steag): Kohleöl. Düsseldorf 1975.

Schulz, H.: Reaktionskinetik der Fischer-Tropsch-Synthese. Erdöl u. Kohle *30*, 123 (1977).
Weitkamp, J.: Kracken. Erdöl u. Kohle *31*, 12 (1978).
Zurek, E. C.: Zwei Jahrzehnte öffentliche Ausgaben für die gemeinsame und nationale Agrarpolitik. Agra-Europe Nr. 37 (1980).